Casual Knit

凸显可爱的休闲编织

对于从秋穿到冬的外套款式，目前的流行趋势是以阿兰花样、配色花样和有个性的简单花式编织为主。

1

这是一款使用多彩的粒结花式纱线进行花式编织制作而成的带有风帽的短外套。同款的帽子，十分时尚，非常适合在春秋时分出门的时候穿着。

使用线 /BOTTONATO
编织方法 /50 页

2

由轻柔的竹节状的花式毛线编织而成的修身长外套，下针编织更能表现出毛衣的质感。
用超粗的线编织而成，穿上却非常轻，这是这款毛衣的魅力所在。

使用线 /ESPUMA
编织方法 /62 页

3

使用了长毛绒线和丙纶段染组成的竹节状的花式毛线，简单的下针编织就能展现出它独特的色彩组合。这个作品是下摆略宽的A字裙。

使用线 /ESPUMA
编织方法 /57 页

4

在腰线处变换了颜色的简约马甲。这样的宽松款穿在身上非常舒服。

使用线 /SOFT DOUEGAL
编织方法 /64 页

5

在灰黑色中加入像宝石一样的色彩鲜艳的棉结，织出了一件非常特别的马甲。由蜂窝造型和简单的麻花针组成的阿兰花样特别顺应当前的潮流。

使用线 / BOTTONATO
编织方法 /66 页

6

桂花针编织呈现出美丽的凹凸感，原色的短马甲上小小的口袋十分可爱。
同款的大球球帽子更显年轻。

使用线 /QUEEN ANNY
编织方法 /58 页

7

这是一套非常漂亮的有原色菱形花样的马甲和帽子。
领子、前门襟、下摆、袖窿处的网眼花样镶边特别迷人。

使用线 /BRITISH EROIKA
编织方法 /60 页

8

这是使用下针和泡泡针编织而成的高领套头衫。
只有泡泡针编织的部分通过使用多股马海毛毛线来强调细节。
这种蓝色与黑色的深色调配色更彰显成人的稳重感。

使用线 /PRINCESS ANNY、KID MOHAIR FINE
编织方法 /53 页

9

这是与套头衫同样花样的长手套。
这款设计不编织指尖，而是让手指能够自由活动。
不但能够防寒，还能起到很好的装饰作用。

使用线 / PRINCESS ANNY、KID MOHAIR FINE
编织方法 /56 页

10

横条纹感觉的自然样式，
使用印染线编织而成的
前开马甲。
小小的领子和两颗纽扣
设计得十分可爱，非常
适合做初冬的外套。

使用线 /TRIORA
编织方法 /65 页

11

这是一款由蓬松的木纹长毛绒线和波浪形的棉线组合的花式毛线编织而成的套头衫。
使用了下针和上针编织，并将镂空花样组合到了横条纹中，身片和袖均使用等针直编。编织方法十分简单。

使用线 / PADOVA
编织方法 /68 页

12

这个季节最受关注的是
英伦风 V 领马甲。
使用的混纺纱线和直毛线组
合配色给人以浪漫的感觉。

使用线 / LECCE、PRINCESS ANNY
编织方法 /69 页

Simple Knit

成熟稳重的简约编织

套头衫和开衫轮廓简约，能够充分发挥毛线本身的特性。
同时，穿着舒适、风格优雅，是最能够体现成熟、稳重气质的编织作品。

13

使用多色的粗纱毛线、直毛线配色编织而成的开衫。
后身片的下针编织凸显出了素材的质感。
这款设计是从晚秋到初冬都可以穿着的标准衣长。

使用线 / MULTICO、QUEEN ANNY
编织方法 /72 页

14

可以表现形状变化的花式毛线
和多彩的马海毛毛线编织而成
的横条纹长款开衫。
插肩袖更适合衣着讲究的成熟
女士。

使用线 / VICENZD、MOHAIR MULTI
编织方法 /74 页

15

由镂空花样和麻花花样编织而成的条纹开衫。
使用等针直编更能体现出花样的美感。
简约的设计更适合体验多种搭配的乐趣。

使用线 / PRINCESS ANNY
编织方法 /76 页

16

这是一款将桂花针、麻花针、泡泡针的阿兰花样巧妙组合在一起的短外套，表现的是雅致成熟的感觉。

使用线 / BRITISH EROIKA
编织方法 /79 页

17

在直毛线中并入马海毛毛线编织成一款有情调的横条纹开衫。
给人以时尚的印象，简约轮廓充满了魅力。

使用线 / QUEEN ANNY、KID MOHAIR FINE
编织方法 /82 页

18

肩章袖开衫使用的渐变色毛线非常漂亮。
从袖中央连到肩部的麻花针编织突出了重点。

使用线 / LECCE
编织方法 /84 页

19

这款组合了大小麻花针的插肩袖开衫使用的混色纱线给人以质地绝佳的感觉。
宽幅的前门襟使用了正反麻花针，正反两面都可以穿。

使用线 / CLASSICO
编织方法 /86 页

20

这款宽松的长款开衫使用了手感柔软、三色混合的木纹线，并选择了能够体现质感的下针编织，成熟优雅的感觉自然流露。

使用线 / PADOVA
编织方法 /88 页

21

这是一款使用5股褐色系的极细马海毛毛线编织而成的原色开衫。由于简单，所以可以体验多种搭配的乐趣，同时，重量轻、手感极好。

使用线 / KID MOHAIR FINE
编织方法 /83 页

22

这是一款在下摆和袖口钩织了树叶花样的套头衫。
与花样连在一起的上针条纹花样非常修身。
有品位的蓝紫色很高雅华贵。

使用线 / CLASSICO
编织方法 /90 页

23

这是一款由毛皮、多色混合线、马海毛毛线等不同风格的素材组合在一起编织而成的横条纹套头衫。简单朴素的设计，白色的底色，更能体现出横条纹的风味。

使用线 / CLASSICO、MOHAIR MULTI、MARMOTTA、LECCE
编织方法 /94 页

Pretty Knit

乐享冬季的美丽编织

这里介绍的是作为装饰品大显身手的披肩、帽子、手包等，
都是些可以使人乐享冬季的温暖又时尚的个性编织物。

24

从领子开始编织到下摆，松叶针花样的披肩有着非常紧致的轮廓。是将直毛线和多色的马海毛毛线混在一起编织而成的柔软的彩虹色披肩。

使用线 /ALPACA COLCA、KID MOHAIR FINE

编织方法 /92 页

25

连续编织小花片制作而成的花朵披肩。
还可以作为领子的装饰，可以尝试多种方法穿搭。

使用线 / LECCE、KID MOHAIR MULTI
编织方法 /34 页

25

page 33

●**材料** LECCE（中细）**作品 a** 蓝色、茶色、紫色系木纹（408）80g/2 团，**作品 b** 灰色、粉色系木纹（401）80g/2 团；KID MOHAIR MULTI（极细）**作品 a** 橘黄色、粉色、紫色系段染线（802）20g/1 团，**作品 b** 绿色、茶色系段染线（807）20g/1 团

●**工具** 钩针 5/0 号

●**成品尺寸** 宽 32cm，长 140cm

●**密度** 1 片花片宽 5cm

■**编织要点 花片** 通过连续钩织花片来完成作品。在第 1 行第 1 片花片的编织起点钩织 8 针锁针，在第 6 针引拔编织锁针的环形起针。钩织 3 针锁针、2 针长针、3 针锁针、引拔针、3 针锁针、2 针长针，再钩织 15 针锁针后，钩织第 2 片。使用同样的方法钩织 28 片的下半部分，再返回钩织上半部分。第 2 列的第 29 片到 54 片，一边引拔编织与第 1 列的连接点，一边钩织下半部分。参照图示钩织 13 列。

披肩（连编花片）5/0号针

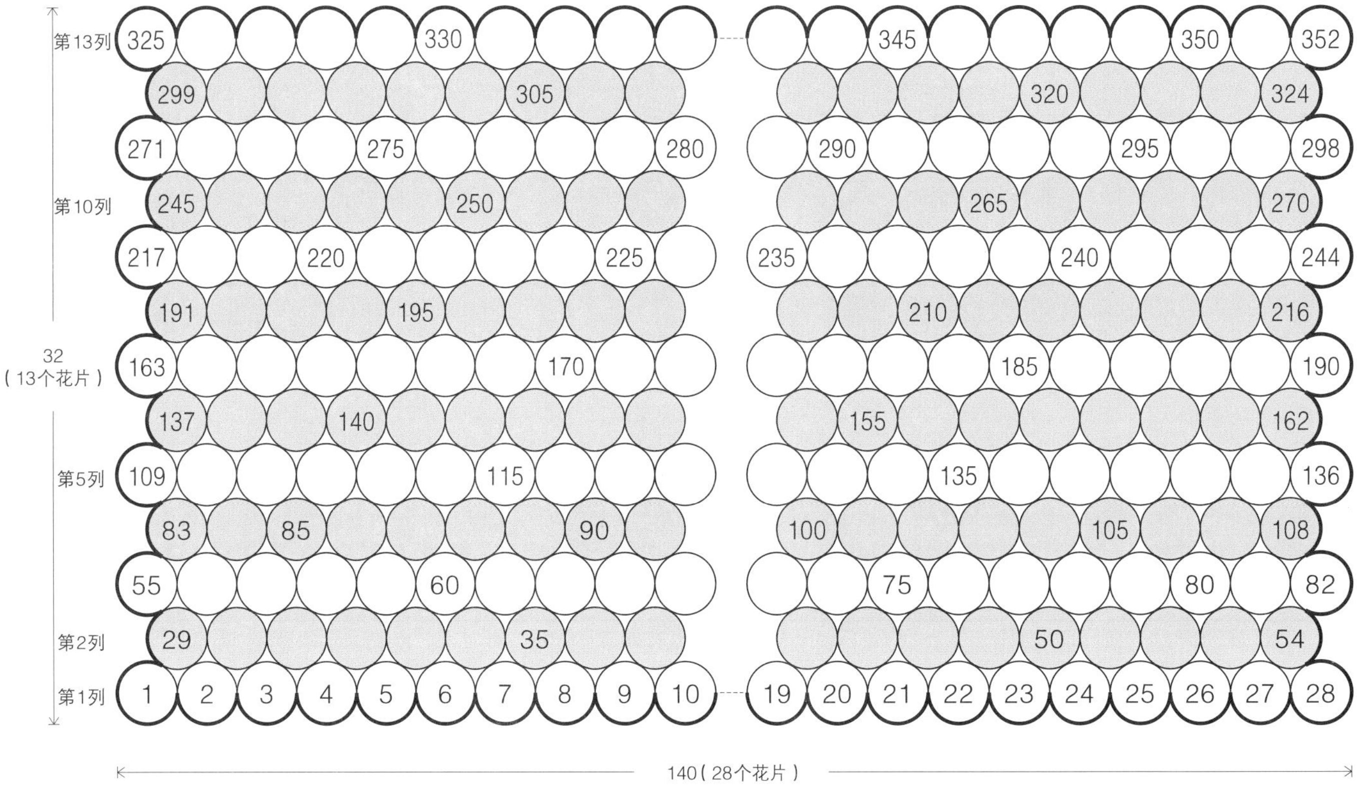

□ = 蓝色、茶色、紫色系木纹　▨ = 橘黄色、粉色、紫色系段染线

作品a

□ = 蓝色、茶色、紫色系木纹

▨ = 橘黄色、粉色、紫色系段染线

作品b

□ = 灰色、粉色系木纹

▨ = 绿色、茶色系段染线

锁针起针
（环形起针）

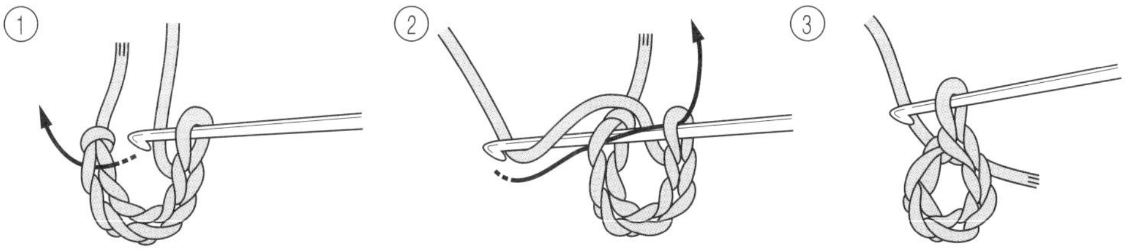

① 钩织所需数目的锁针，弯成环形，将钩针插入第1针锁针的半针处。

② 在针上挂线，引拔出。

③ 环形起针完成。

连编花片的编织方法示意图

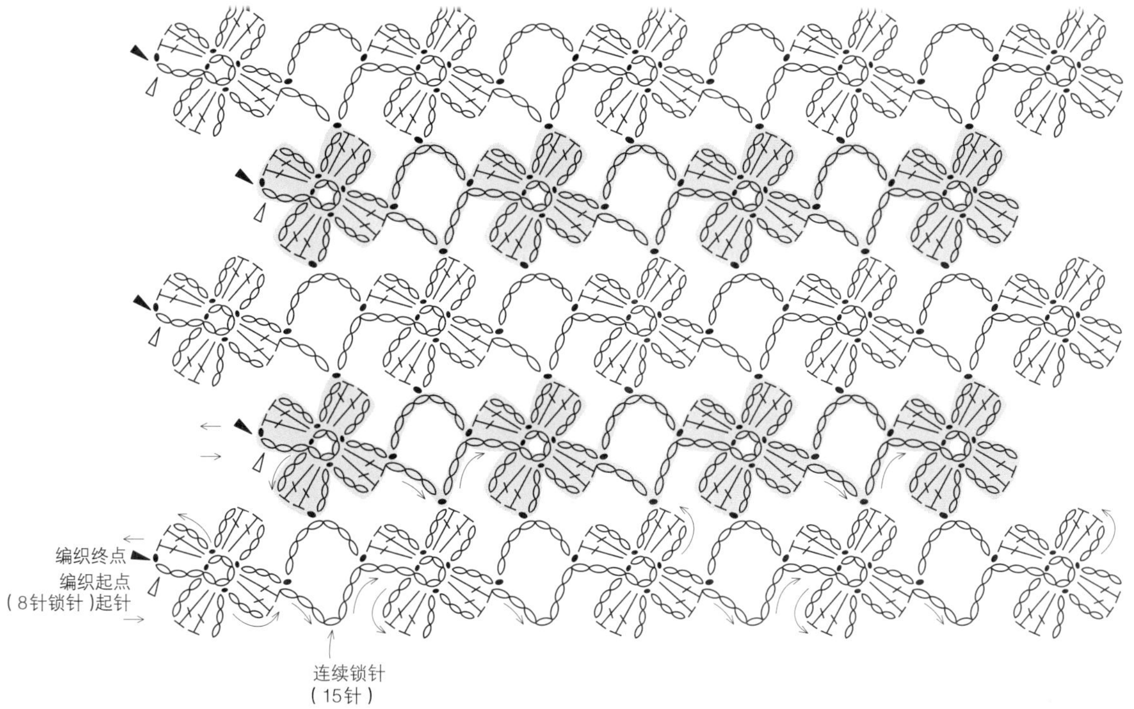

引拔针连接

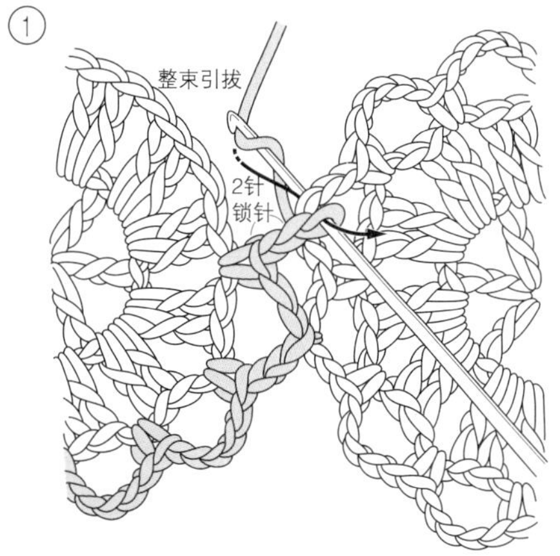

在5针锁针的网眼花样的第3针处连接。

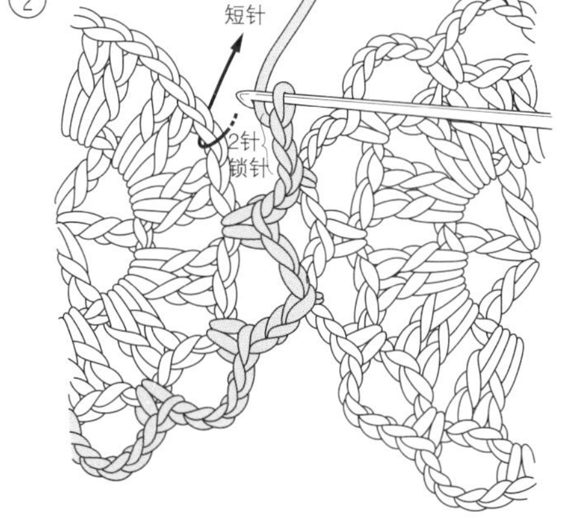

钩织2针锁针，在相邻花片的线圈中插入钩针并引拔出，钩织2针锁针。

26

用柔和手感的马海毛毛线由等针直编制作而成的马甲，留出袖口，简单的技巧也能编织出一件漂亮的作品。
整体又薄又轻，还可以系在脖子上营造出轻松的氛围。

使用线 / MOHAIR MULTI
编织方法 /38 页

26

page 36

●**材料** MOHAIR MULTI（粗）绿色系（5038）160g/4 团

●**工具** 钩针 8/0 号

●**成品尺寸** 54cm × 138cm

●**密度** 编织花样：1 个花样（12 针）9cm，5 行 8cm

■**编织要点** **马甲** 锁针起针，钩织花样。第 1 行的长针挑取锁针起针的里山进行钩织。等针直编 28 行，不进行加减针。如图所示，在袖口的开口处钩织 30 针锁针。第 1 行的长针和短针挑取锁针的里山钩织。使用同样的方法钩织另一边的袖口。

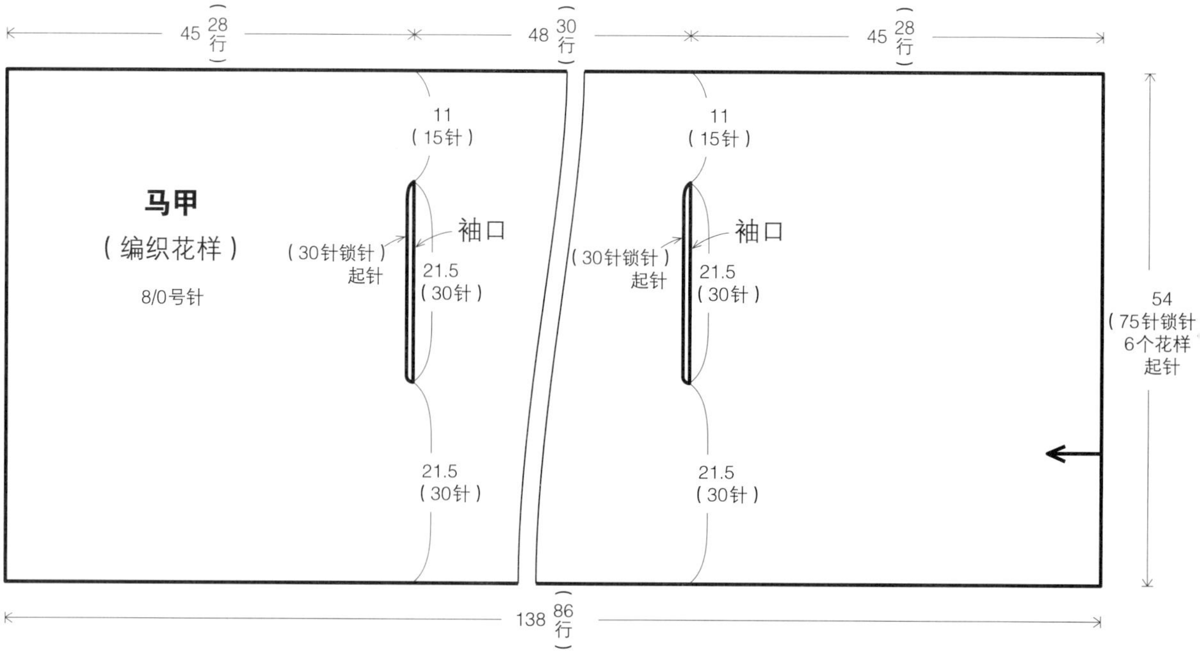

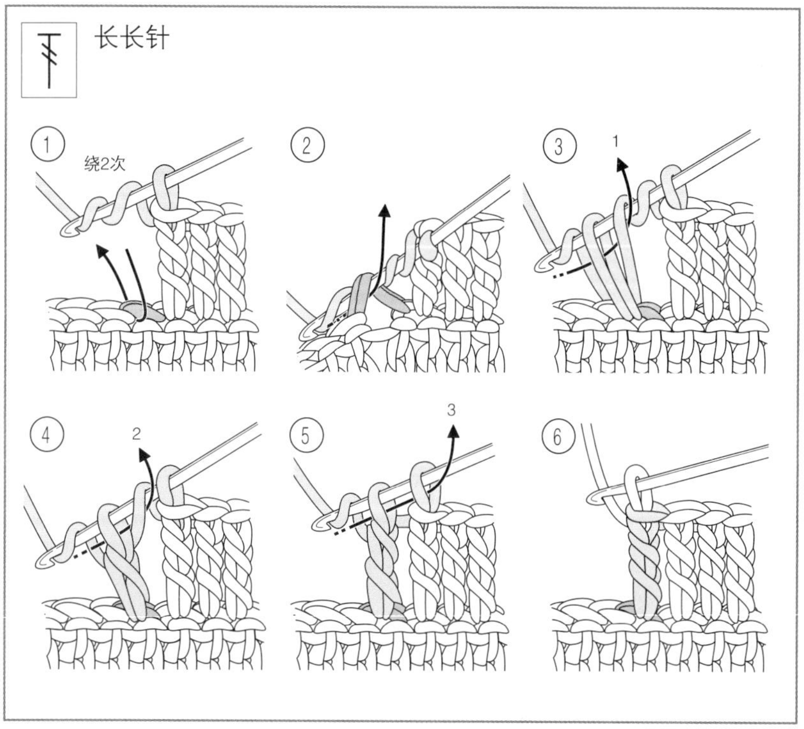

编织花样

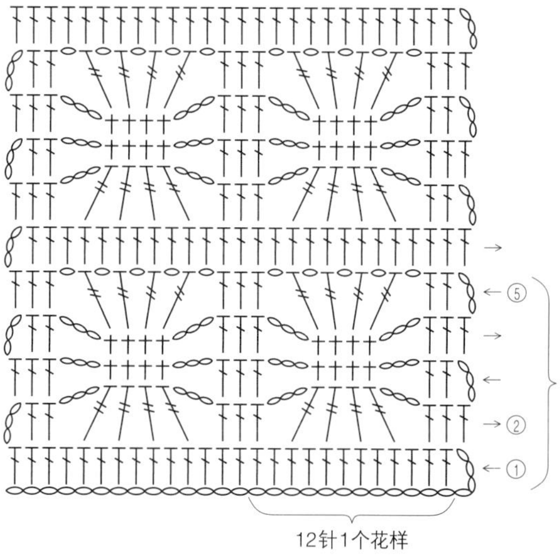

马甲的编织方法示意图

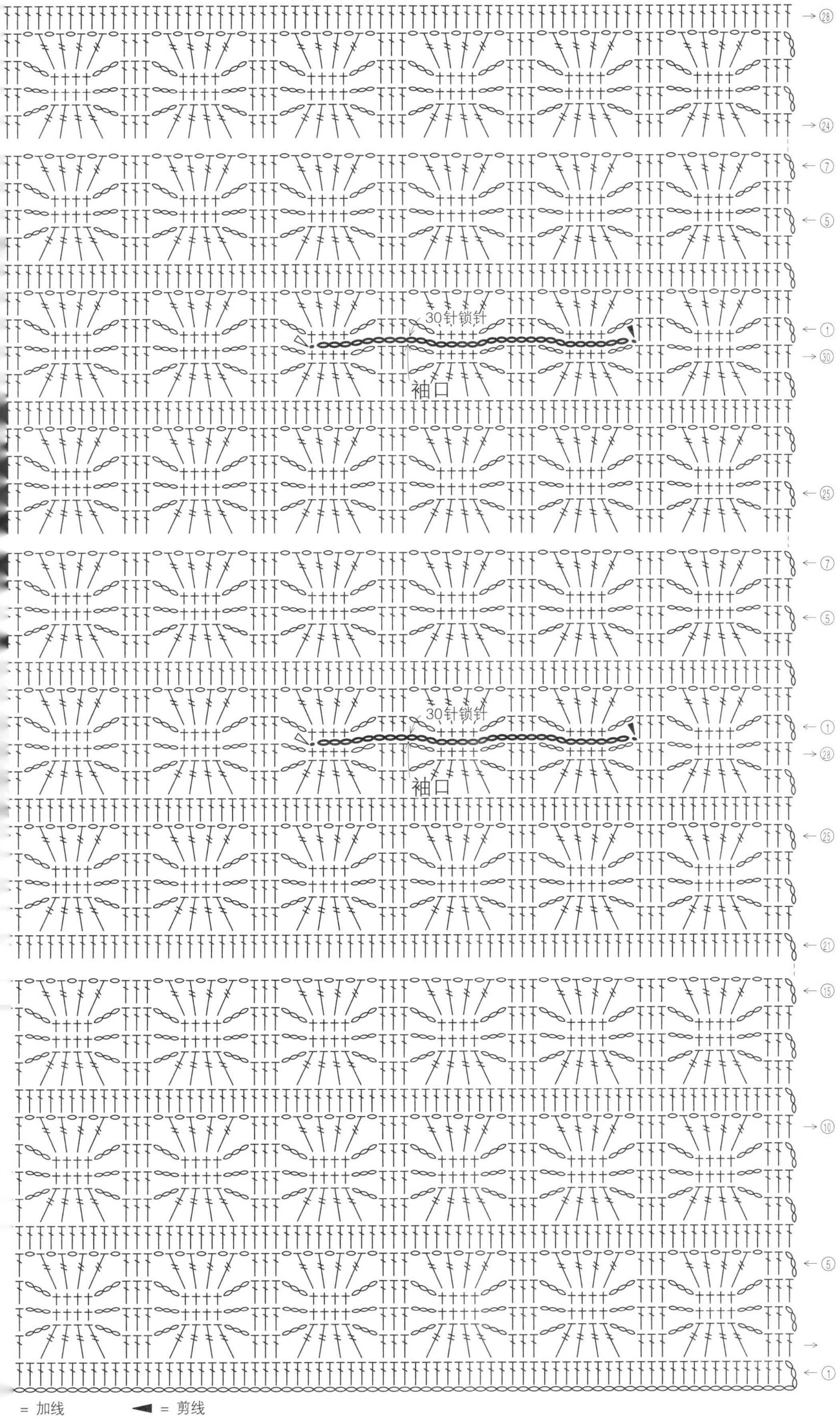

= 加线　◄ = 剪线

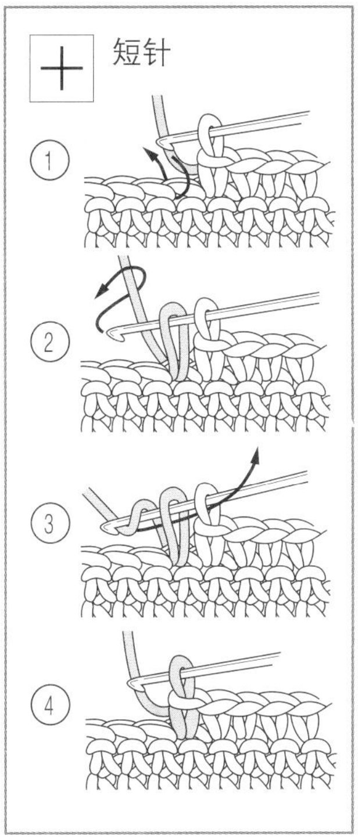

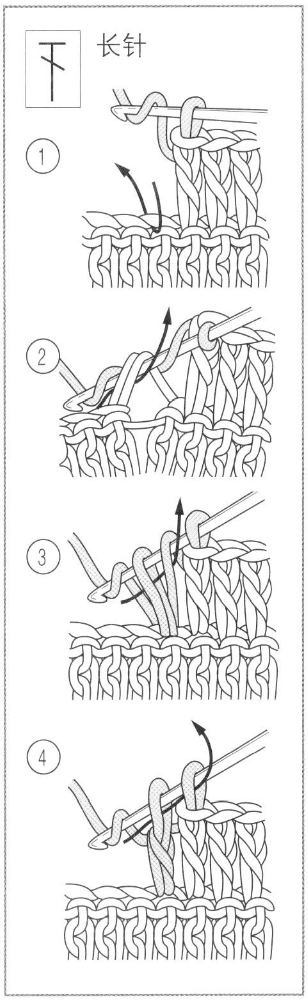

27

冬日装扮中不可或缺的帽子由配色花样和下针编织而成，双层帽子设计是两面都可以戴的样式。还可以当成围脖使用，真是不错。

使用线 / LECCE、KID MOHAIR FINE
编织方法 /42 页

27

page 41

●**材料** LECCE（中细）绿色、茶色、蓝色系木纹（403）80g/2 团，KID MOHAIR FINE（极细）蓝色（53）10g/1 团

●**工具** 棒针 5 号，钩针 5/0 号

●**成品尺寸** 头围 60cm，帽深 24cm

●**密度** 10cm×10cm 面积内：编织下针 24 针，30 行；配色花样 26 针，29 行

■**编织要点** **配色花样** 配色花样使用横向渡线的编织方法进行编织。**围脖** 另线锁针起针，环形编织下针和配色花样。参照图示在指定位置替换编织下针和配色花样，使用扭针加针和右上 2 针并 1 针进行加减针。**组合** 编织起点和编织终点对齐下针钉缝，缝成双层。使用编织罗纹绳的方法编织细绳，穿入凸起折痕处挂针的位置。在细绳绳头缝上装饰。系紧细绳就变成帽子了。

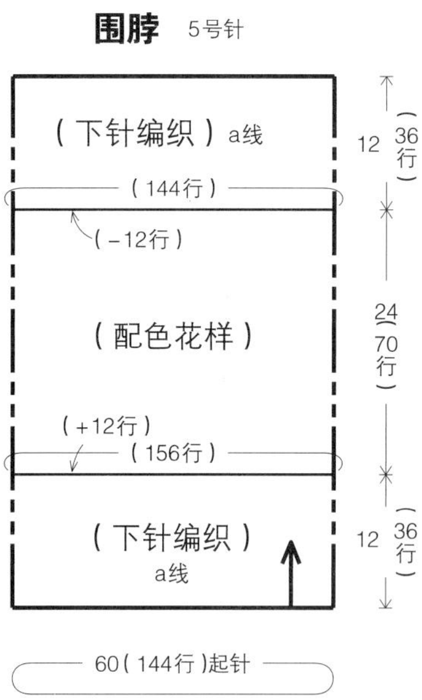

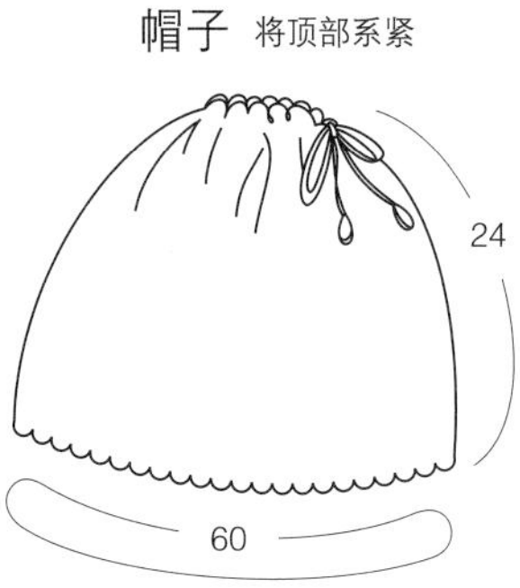

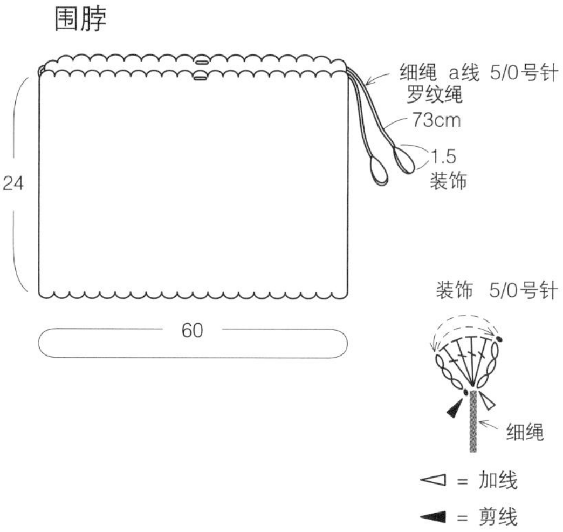

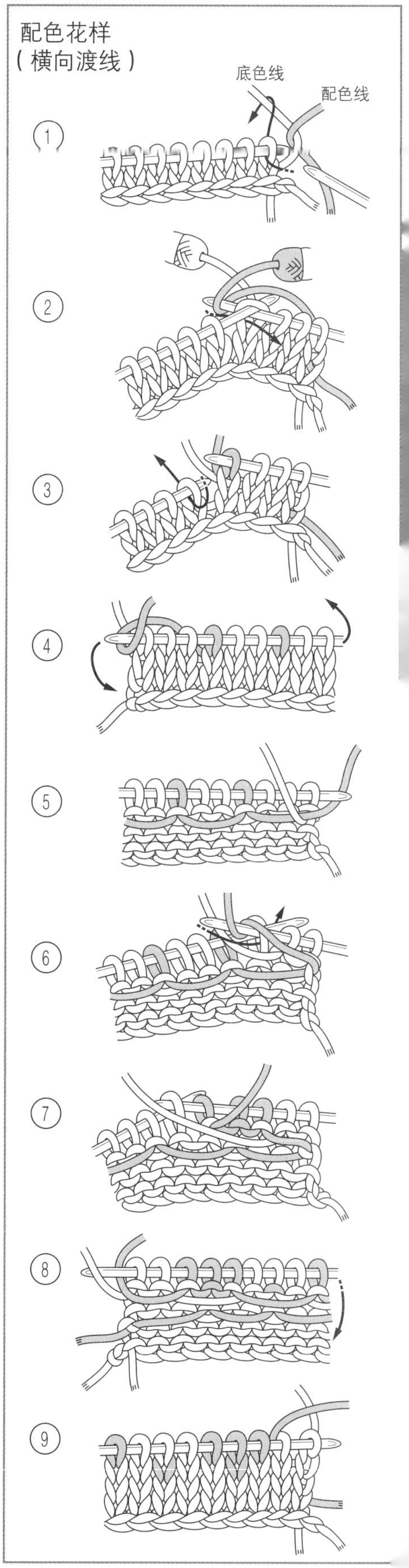

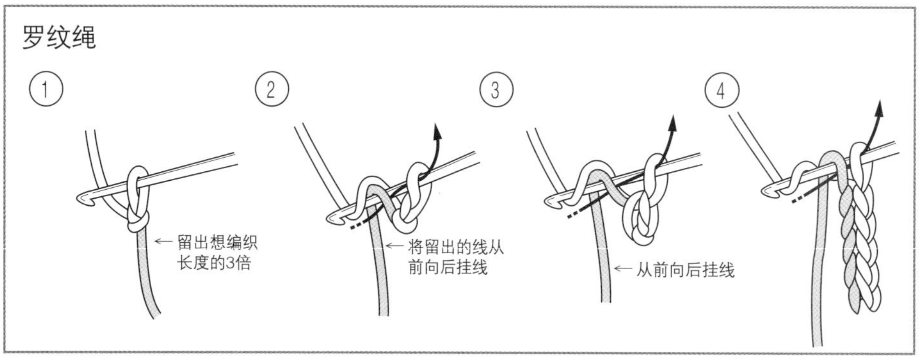

围脖的编织方法示意图

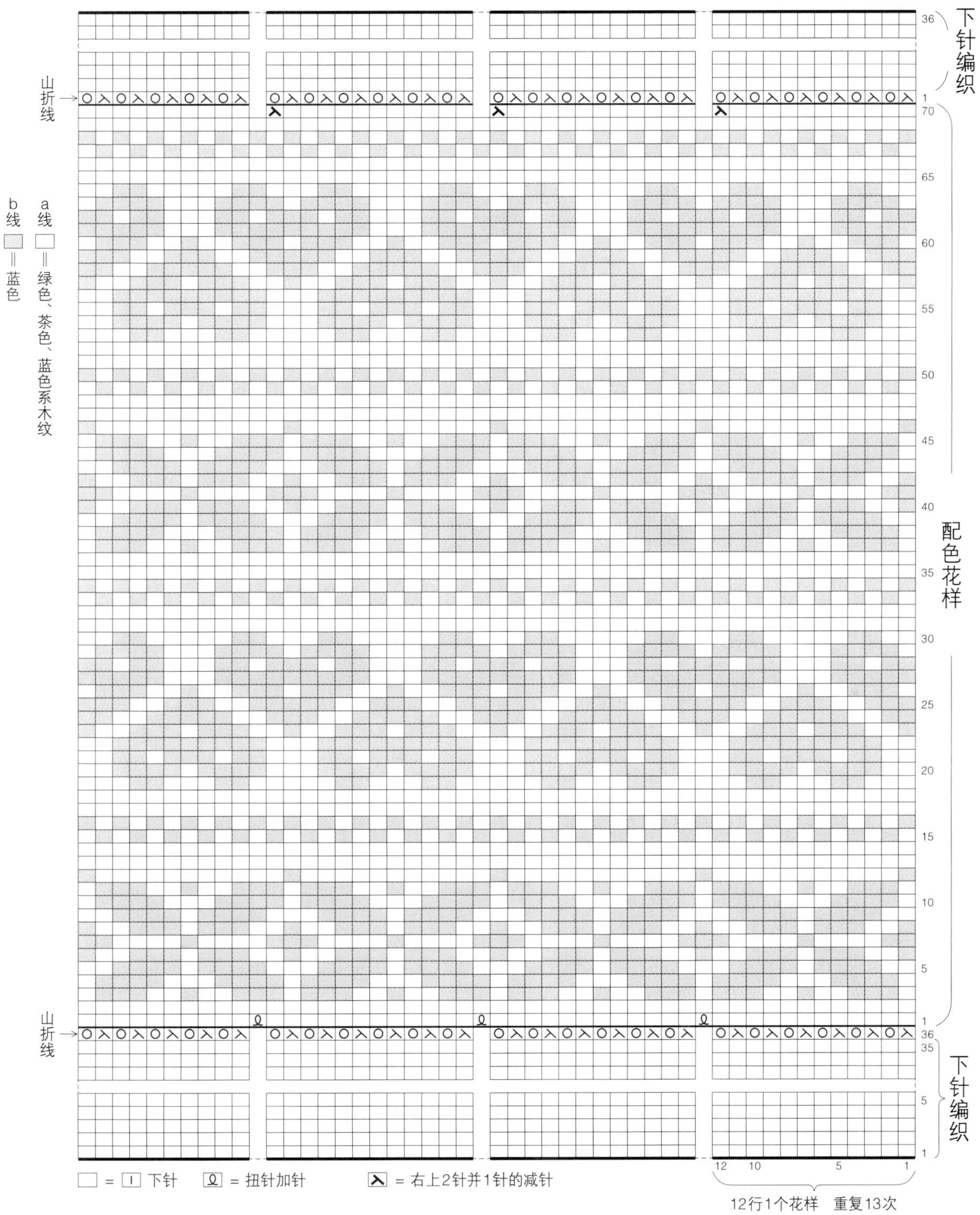

细绳的穿法

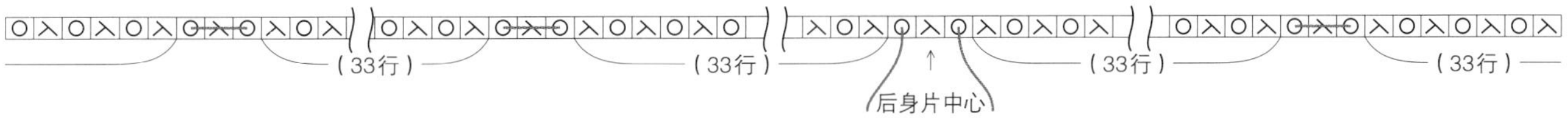

28

使用丰富多彩的混合线编织而成的可爱的手套，
是冬季防寒、装饰不可或缺的一款。
各种不同配色的手套，让冬季外出
也变得快乐起来。

使用线 / LECCE
编织方法 /46 页

29

这是一款使用 3 种不同素材的线编织而成的大手拎包。层次的变化非常漂亮。从包底开始，使用短针一直钩织到提手。它的独特之处在于是完整的一片。

使用线 / BOTTONATO、LECCE、MOHAIR MULTI
编织方法 /47 页

28

page 44

●材料 LECCE（中细）**作品 a** 蓝色、米色、胭脂红色系木纹（407）40g/1 团，**作品 b** 红色、黄色、蓝紫色系木纹（405）40g/1 团

●工具 棒针 4 号

●成品尺寸 手掌一圈 18cm，长度 26.5cm

●密度 10cm×10cm 面积内：编织下针 27 针，37 行

■编织要点　手套 另线锁针起针，环形编织下针。在手掌大拇指的位置另线编织。按照小指、无名指、中指、食指的顺序，挑取针目环形编织。各个手指均在最后一行织 2 针并 1 针，在最后一针处穿入线并系紧。大拇指抽出另线挑取上下的针目环形编织。手腕处拆开起针的锁针挑取针目，环形编织单罗纹针，并用单罗纹针收针。左右对称编织。

各个手指（下针编织）

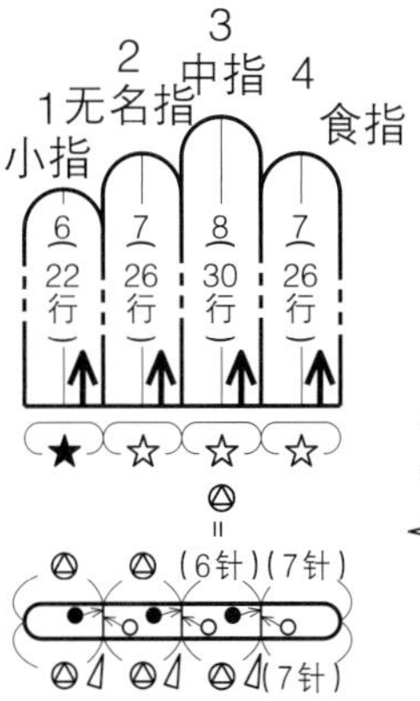

最后一行线头的处理（小指）

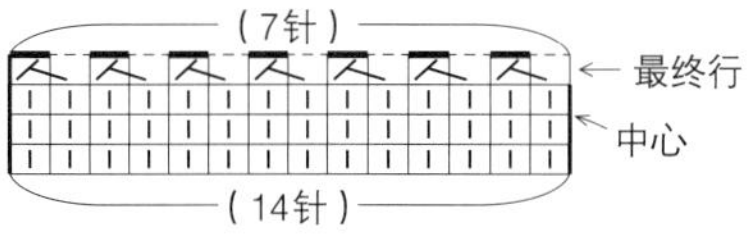

※各个手指的最后一行，全部织2针并1针，穿过线系紧后，在内侧处理线头

☆ =（16针）挑针
★ =（14针）挑针
◁ = 加线
● = ⅏2针卷针加针
○ = 2针挑针

右手（下针编织）

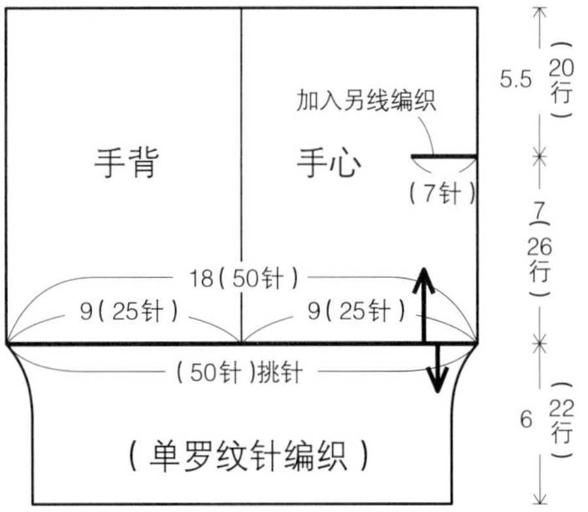

5 大拇指

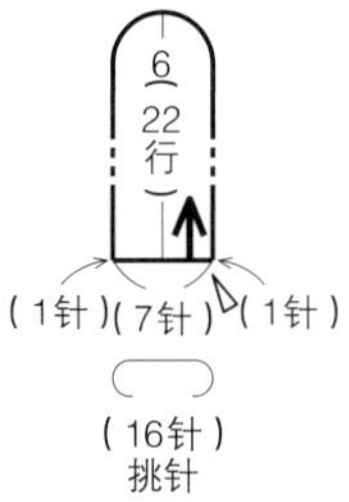

※左手与右手对称编织
※全部使用4号针

作品a＝蓝色、米色、胭脂红系木纹
作品b＝红色、黄色、蓝紫色系木纹

★作品29　**手拎包**（短针条纹花样）10/0

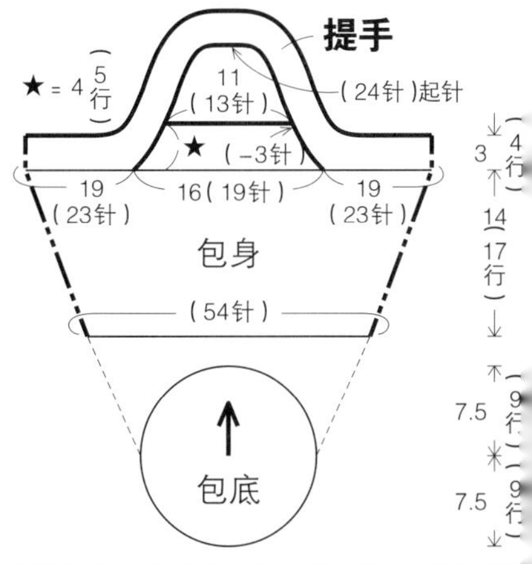

小指的编织方法

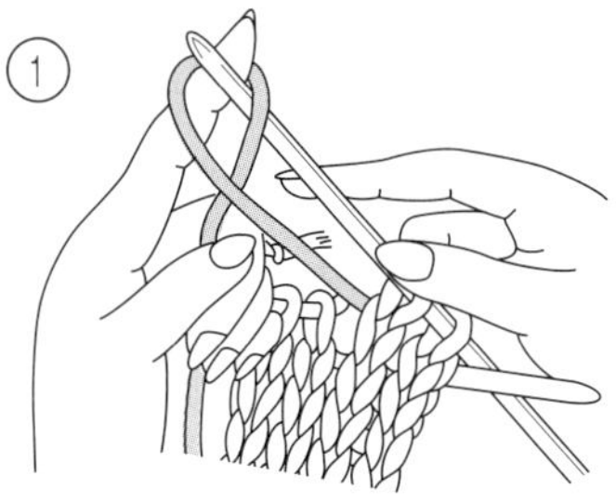

① 在小指第1行的编织终点，在指缝处加织1针较紧的卷针。

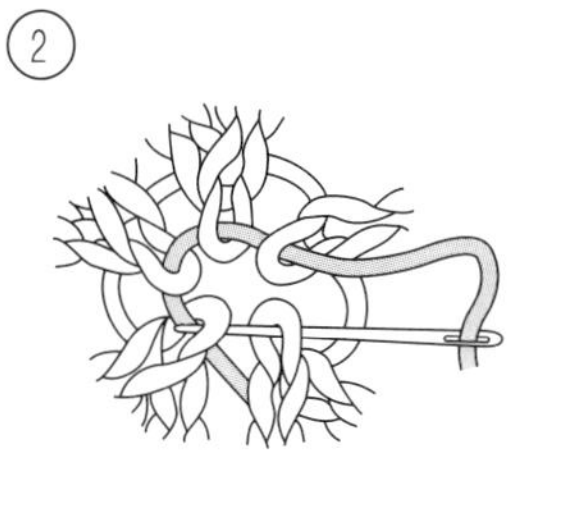

② 留10cm左右的线头，使用针穿2圈系紧。

无名指的编织方法

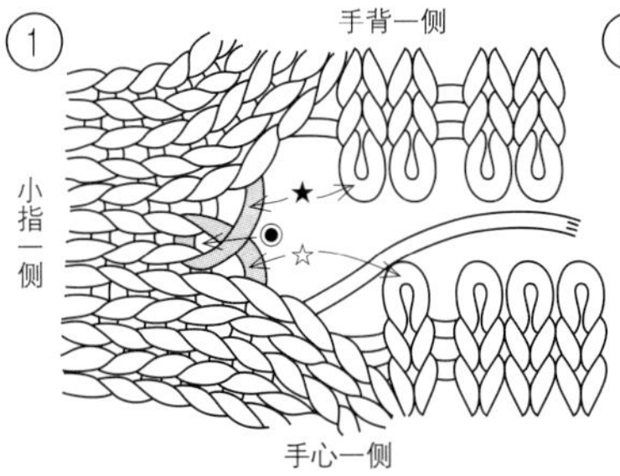

① 小指指缝的样子。为了不让☆和★部分有洞，编织2针并1针。

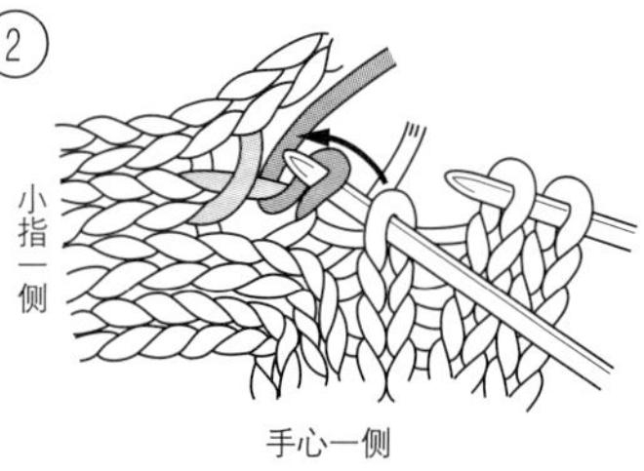

② 手心侧☆的位置不编织，直接移到针上，从小指侧的☆处开始编织下针，用右侧的针目盖住左侧的针目。

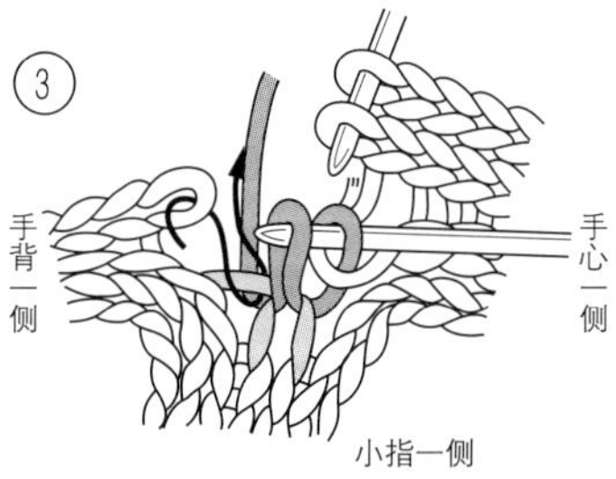

③ ◉的位置编织下针，在★的位置按照箭头所示入针，织下针的2针并1针。

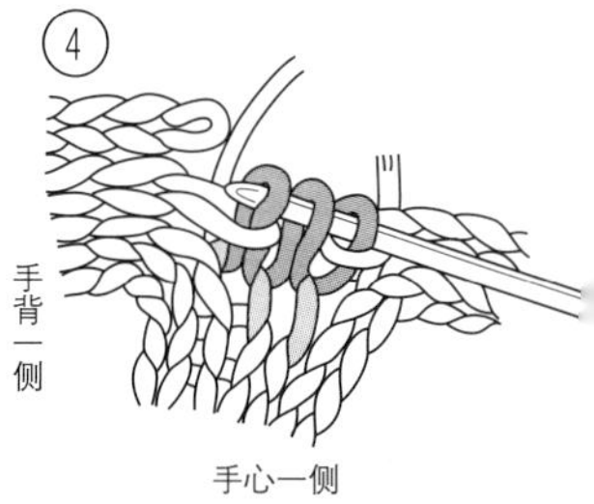

④ 在无名指指缝处，1针挑针完成。

29
page 45

●**材料** **作品a** BOTTONATO(中粗)红色(107)、蓝色(105)各40g/各1团，LECCE(中细)紫色系木纹(406)50g/2团，MOHAIR MULTI(粗)浅紫色系(2100)45g/1团，**作品b** BOTTONATO(中粗)黄色(103)、绿色(104)各40g/各1团，LECCE(中细)橘黄色系木纹(404)50g/2团，MOHAIR MULTI(粗)黄绿色、浅橘黄色系(3455)45g/1团，**作品c** BOTTONATO(中粗)黑灰色(108)、原色(101)各40g/各1团，LECCE(中细)蓝色、紫红色系木纹(402)50g/2团，蓝色系(3458)45g/1团

●**工具** 钩针10/0号

●**成品尺寸** 宽35cm，深24.5cm

●**密度** 10cm×10cm面积内：编织短针12针，12行

■**编织要点** 环形起针，按照图示编织短针条纹花样，从包底开始环形编织。

手拎包的编织方法示意图

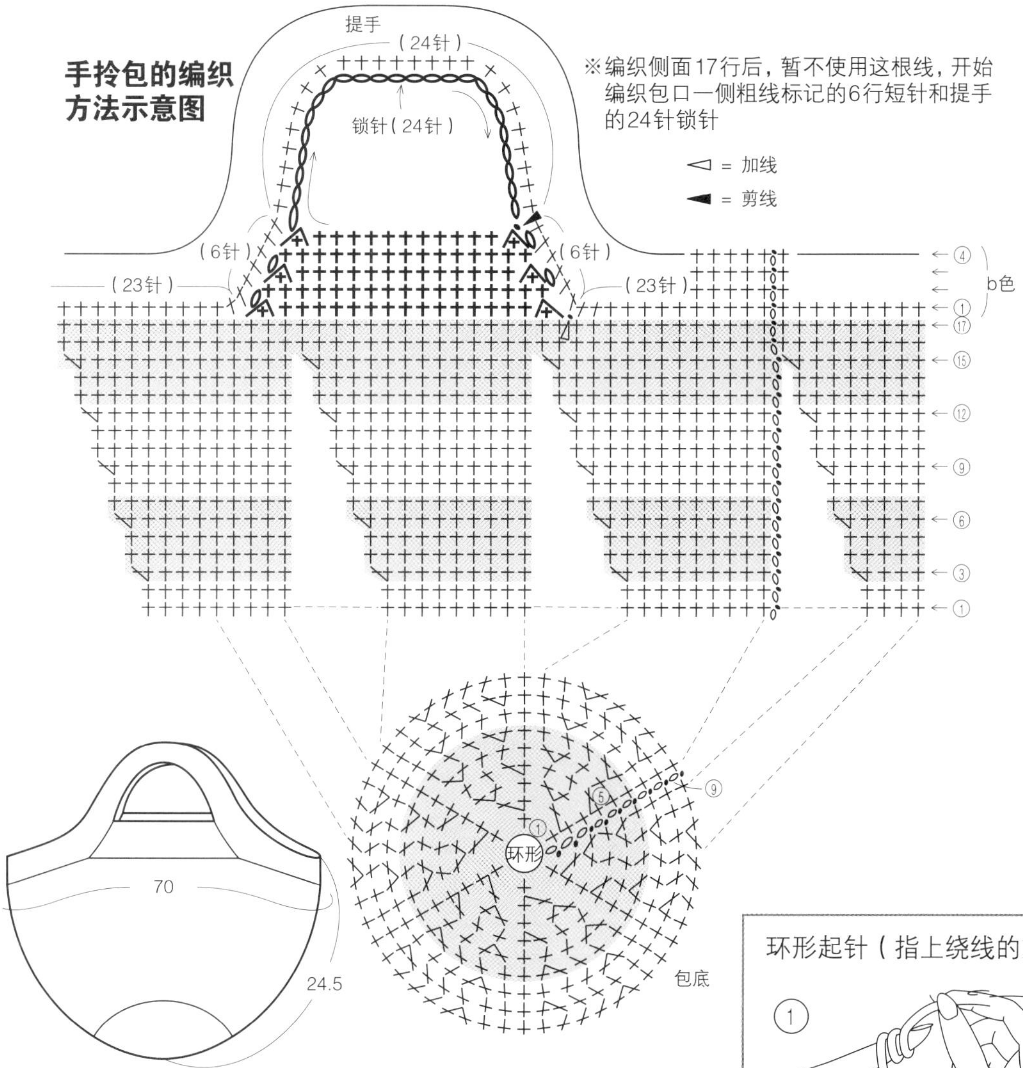

包身

第16、17行	84针	无加减针	a色
第15行	84针	+6针	a色
第13、14行	78针	无加减针	a色
第12行	78针	+6针	b色
第10、11行	72针	无加减针	b色
第9行	72针	+6针	b色
第8行	66针	无加减针	b色
第7行	66针	无加减针	a色
第6行	66针	+6针	a色
第4、5行	60针	无加减针	a色
第3行	60针	+6针	a色
第1、2行	54针		b色

包底

第9行	54针	+6针	b色
第8行	48针	+6针	b色
第7行	42针	+6针	b色
第6行	36针	+6针	a色
第5行	30针	+6针	a色
第4行	24针	+6针	a色
第3行	18针	+6针	a色
第2行	12针	+6针	a色
第1行	6针		a色

环形起针(指上绕线的方法)

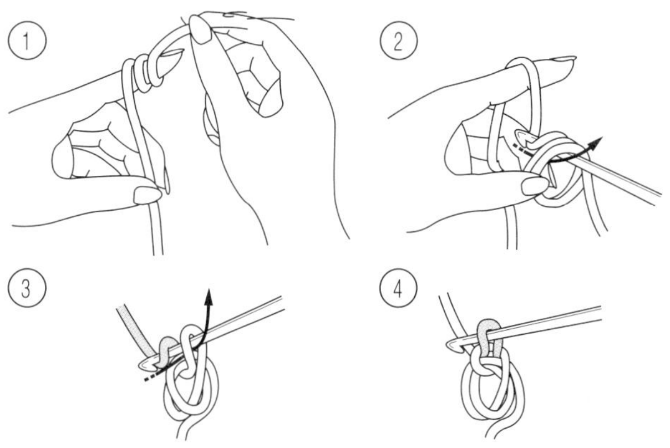

配色

	作品a	作品b	作品c
a色	红色	黄色	黑灰色
a色	紫色系木纹	橘黄色系木纹	蓝色、紫红色系木纹
a色	淡紫色系	黄绿色、浅橘黄色系	蓝色系
b色	蓝色	绿色	原色
b色	紫色系木纹	橘黄色系木纹	蓝色、紫红色系木纹
b色	淡紫色系	黄绿色、浅橘黄色系	蓝色系

※各取1股，将3股并在一起

本书使用毛线一览

照片为实物大小

作品编织方法

第 48 页线材实物图片与所编织作品对照表

线材编号	作品编号
1	1、5、29
2	6、3、17
3	13
4	11、20
5	10
6	8、9、12、15
7	19、22、23
8	7、16
9	4
10	24、25
11	12、18、23、25、27、28、29
12	8、9、17、21、27
13	14、23、26、29
14	24
15	23
16	14
17	2、3

※ 全书编织图中未注明单位的数字均以厘米（cm）为单位

1

page 2

●材料 BOTTONATO（中粗）原色（101）短外套540g/14团，帽子70g/2团；直径2.1cm的纽扣10颗

●工具 棒针8号、7号

●成品尺寸　上衣 胸围97cm，肩背宽35cm，衣长65cm，袖长54.5cm；**帽子** 头围53cm，帽深27cm

●密度 10cm×10cm面积内：编织下针、桂花针18针，23行（短外套）；编织下针18针，26行（帽子）

■编织要点 前后身片 手指挂线起针，参照图示编织双罗纹针、桂花针、下针。袖窿伏针，立起侧边1针减针，肩部休针，领窝伏针收针。**袖** 袖下使用扭针加针，袖山最后的针目伏针收针。**组合** 肩部盖针钉缝，胁、袖下挑针接缝。挑取针目编织风帽，帽顶盖针钉缝。袖与身片引拔接缝。**帽子** 挑取另线锁针里山的起针，环形编织，在最后的针目中穿入线并系紧。

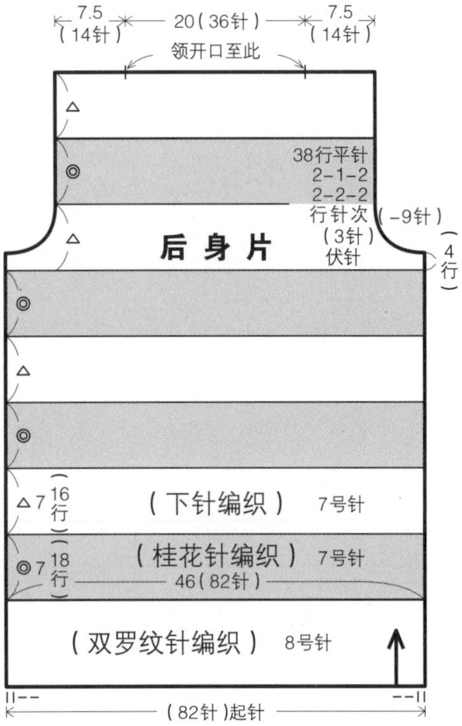

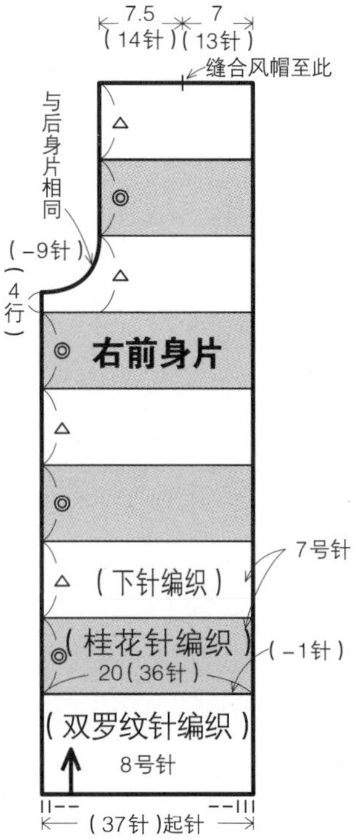

※左前身片与右前身片对称编织

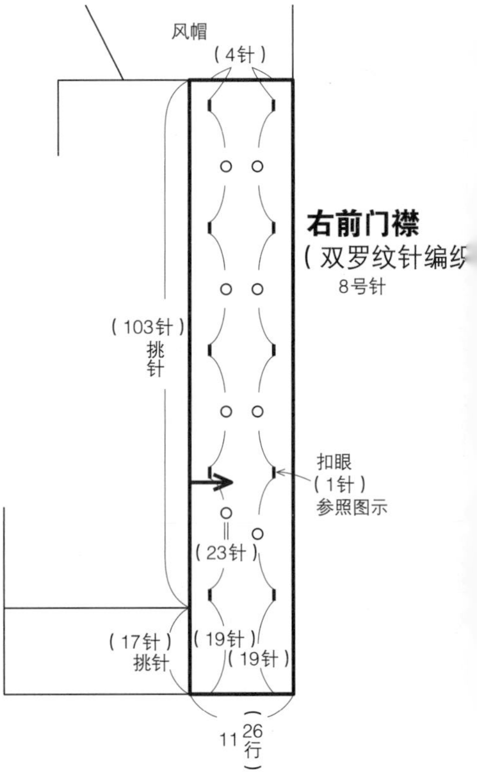

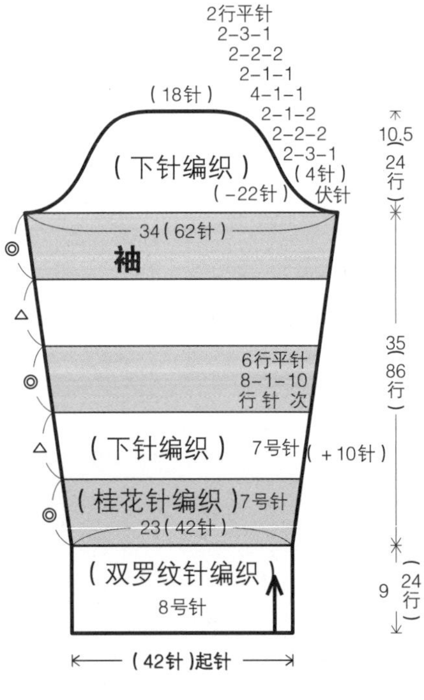

桂花针编织

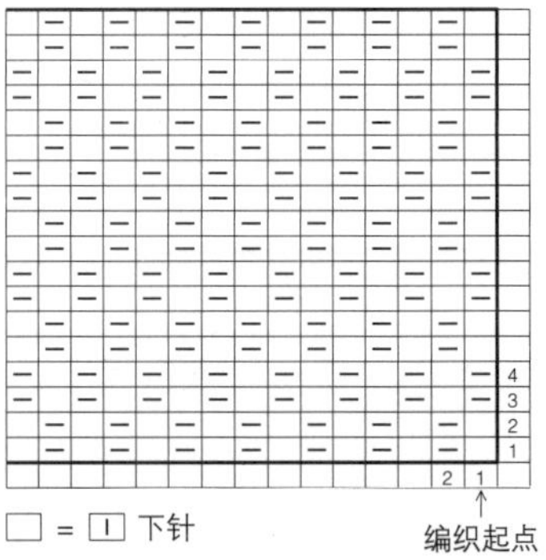

扣眼（右前门襟）

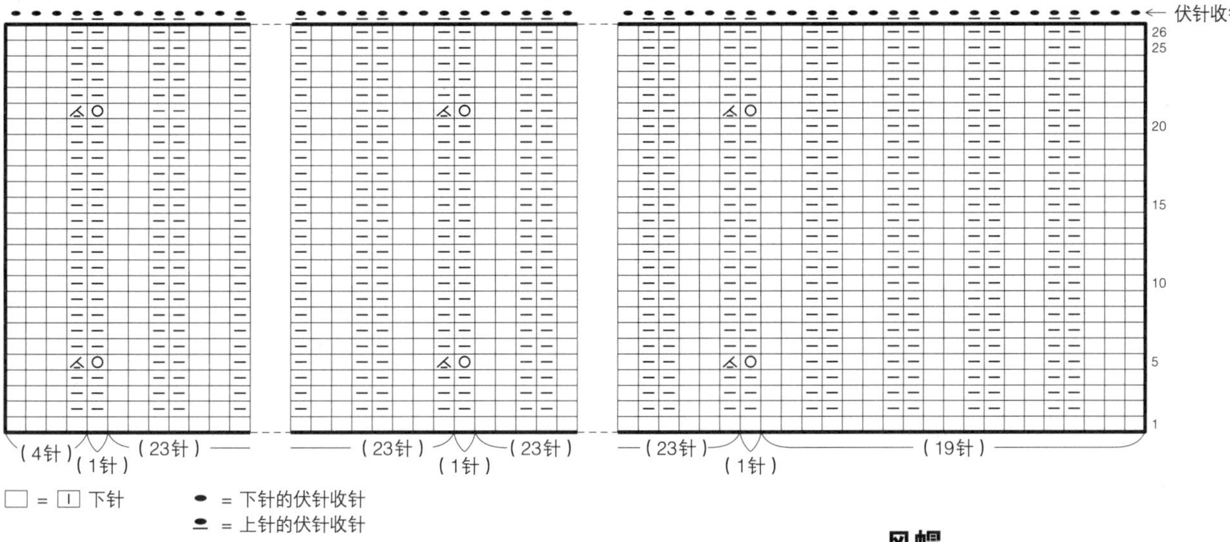

帽子（桂花针编织）

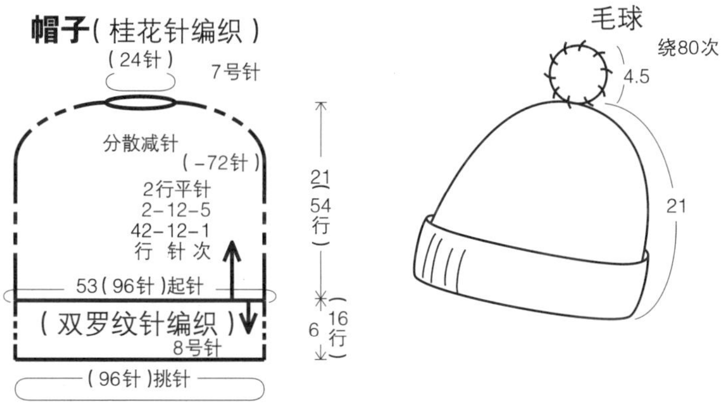

风帽

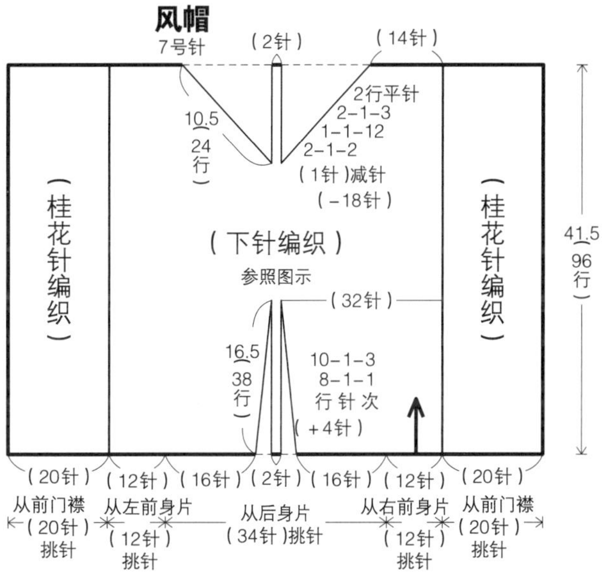

帽子的编织方法示意图

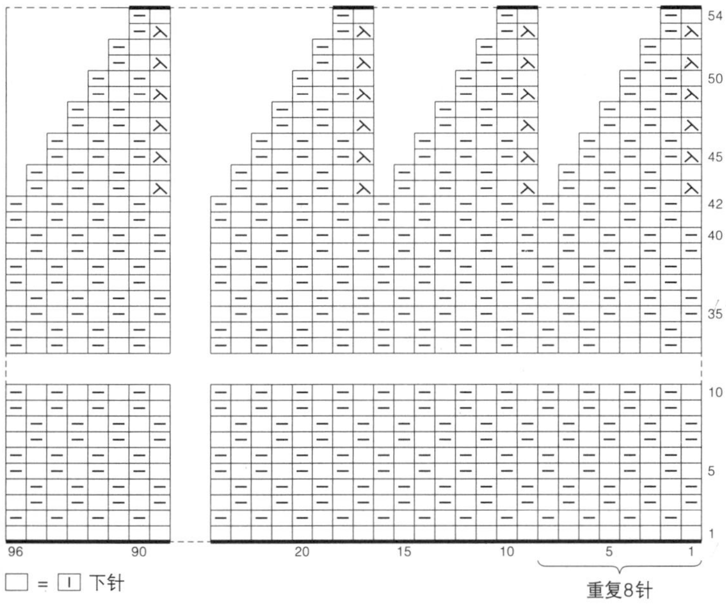

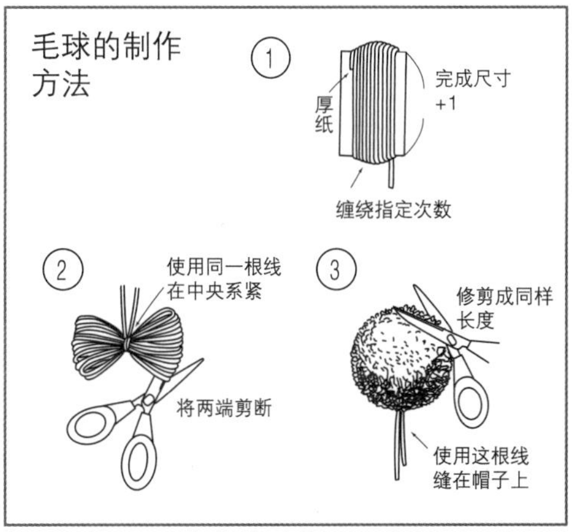

★接下一页

风帽的编织方法示意图

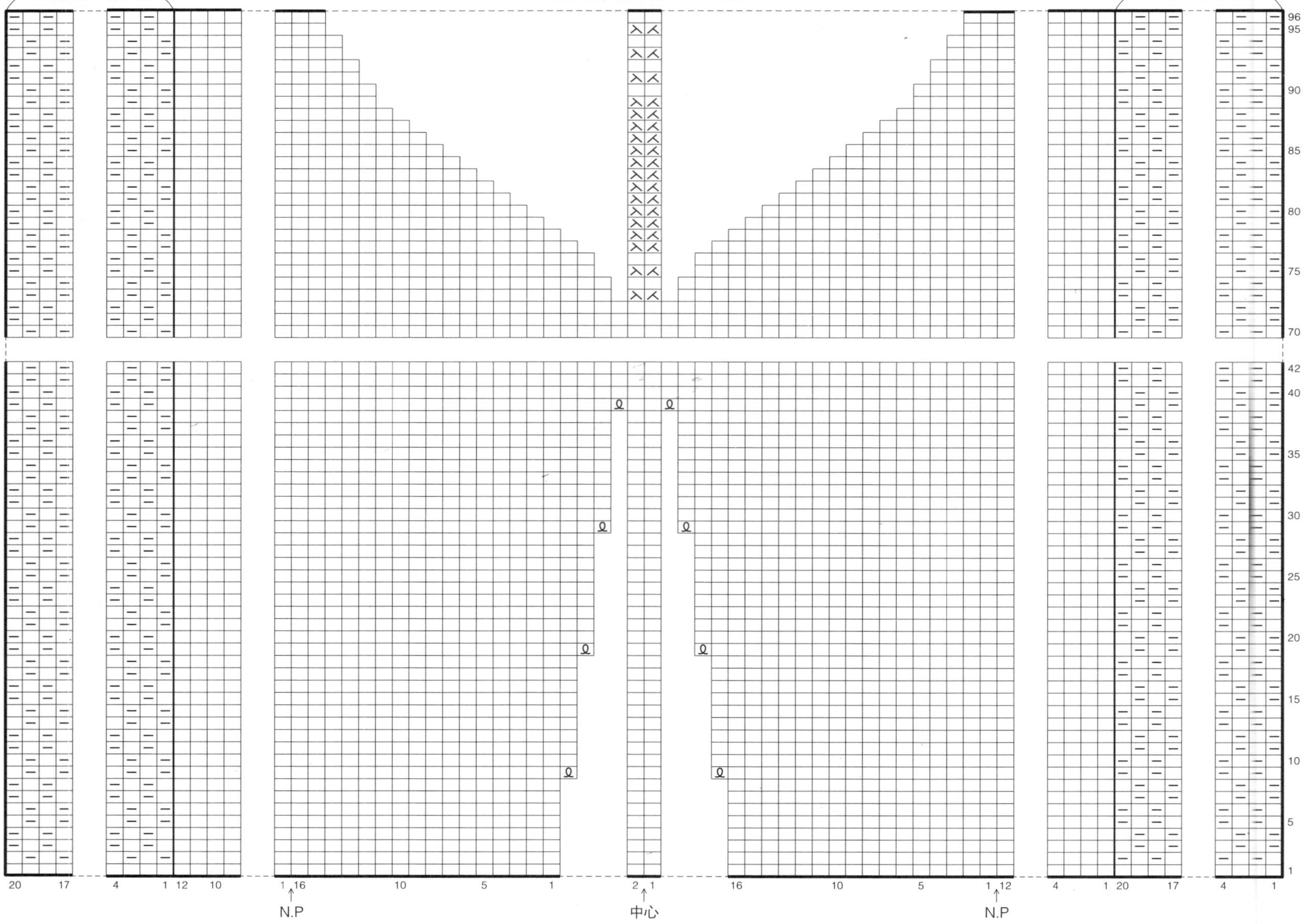

□ = ⊡ 下针　　Ω = 扭针加针

8

page 12

●**材料** PRINCESS ANNY（粗）蓝色（516）410g/11 团，KID MOHAIR FINE（极细）黑色（24）60g/3 团

●**工具** 棒针 7 号、6 号

●**成品尺寸** 胸围 92cm，衣长 62cm，连肩袖长 69.5cm

●**密度** 10cm×10cm 面积内：编织下针（6 号针）22 针，30 行；编织花样（7 号针）22 针，26 行

■**编织要点** **前后身片** 手指挂线起针，编织花样和下针。参照图示编织袖窿和领窝。在肩部减针。**袖** 与身片使用同样的方法起针，一边调整密度，一边在袖下的侧边 1 针内侧扭针加针，袖山最后的针目伏针收针。**组合** 肩部回针缝缝合，胁、袖下挑针接缝。衣领编织 1 针下针、2 针上针的罗纹针，伏针收针，以卷针缝缝合在领窝上，缝成双层。袖引拔接缝在身片上。

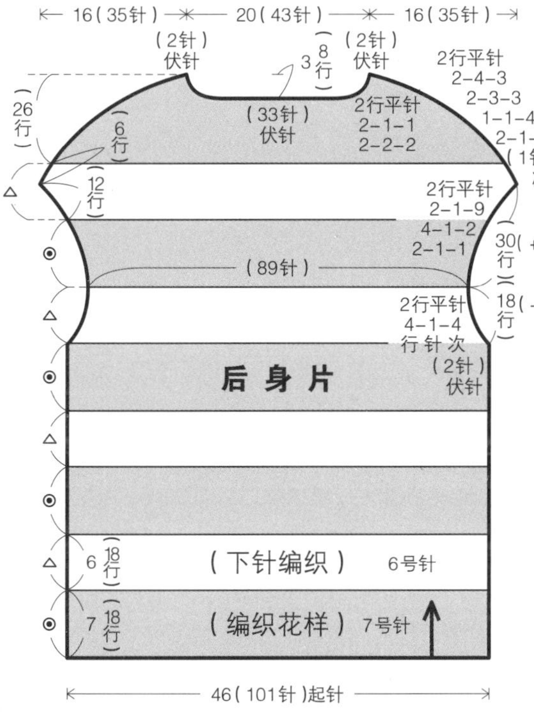

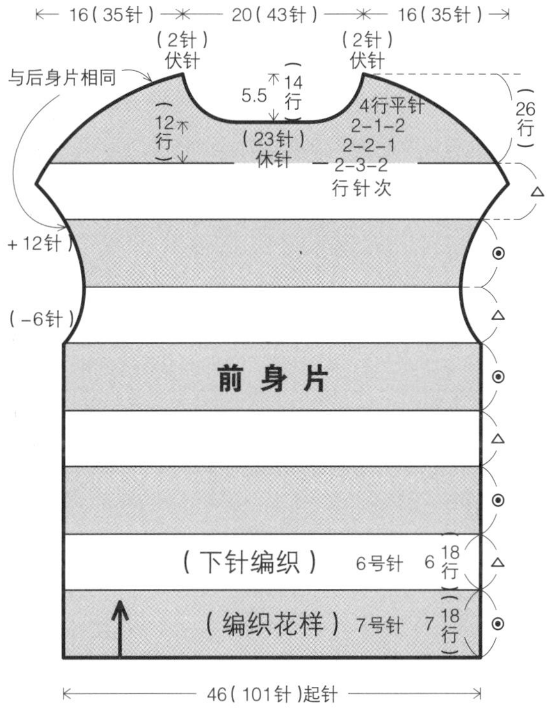

□ = a线、b线各1股，并为双股线编织
□ = a线1股
a线 = 蓝色
b线 = 黑色
※除编织花样以外均使用a线编织

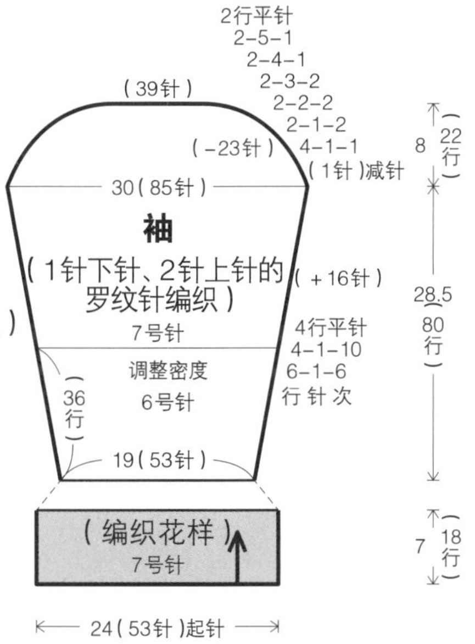

衣领（双层1针下针、2针上针的罗纹针编织）
6号针

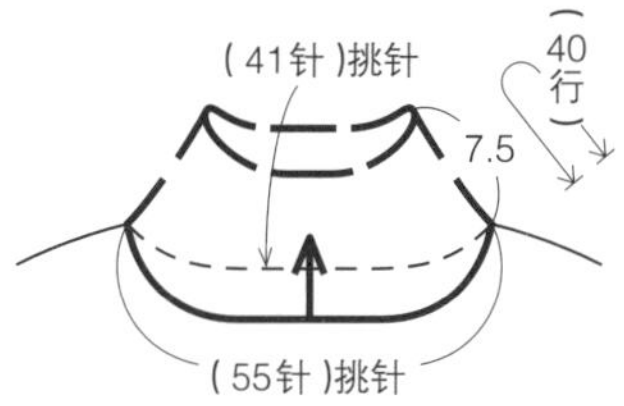

1针下针、2针上针的罗纹针编织

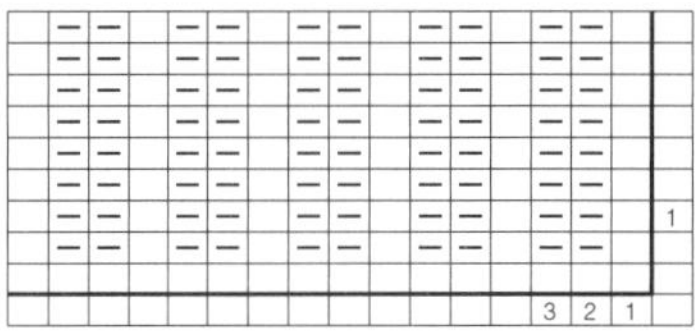

□ = 丨 下针

★接下一页

后身片的编织方法示意图

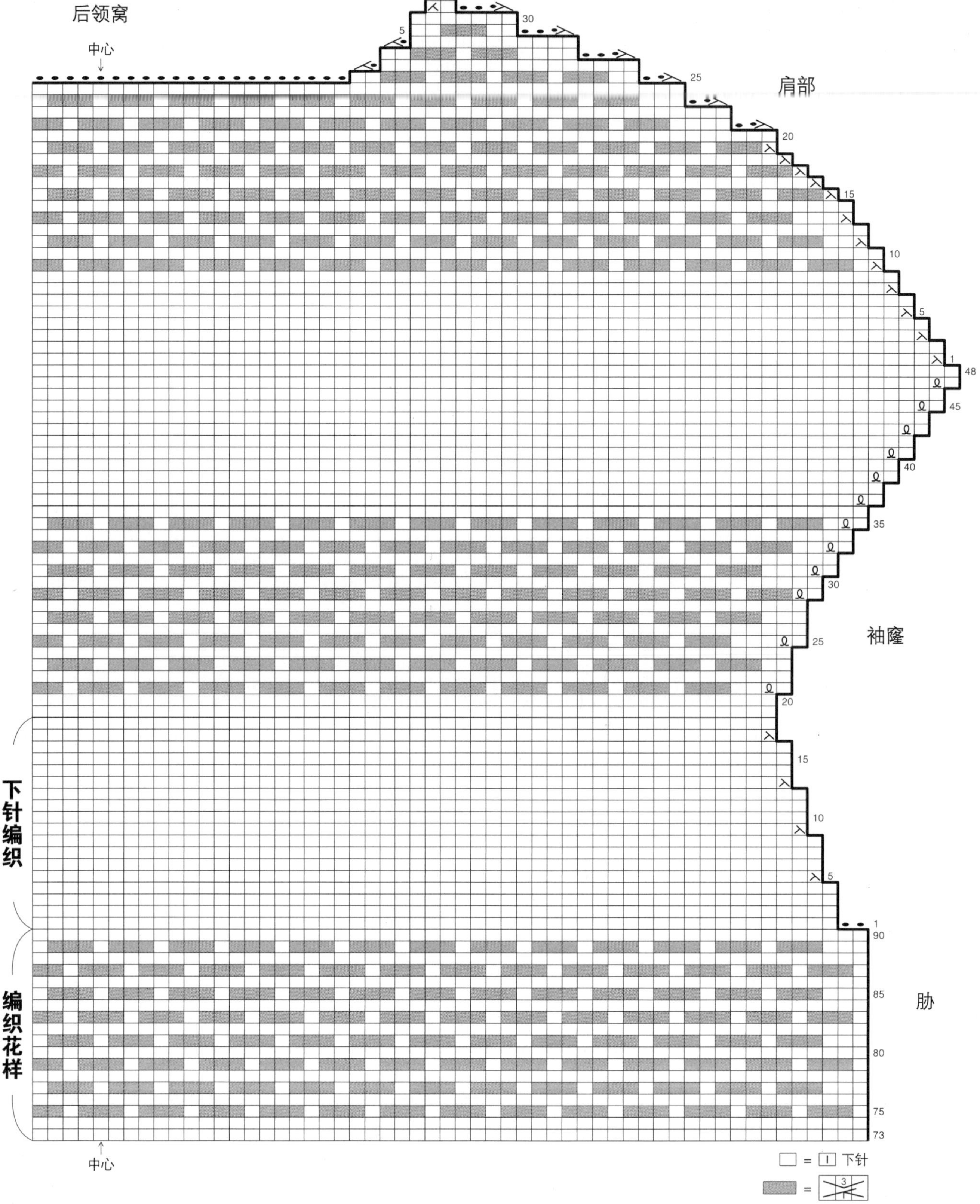

前身片的编织方法示意图

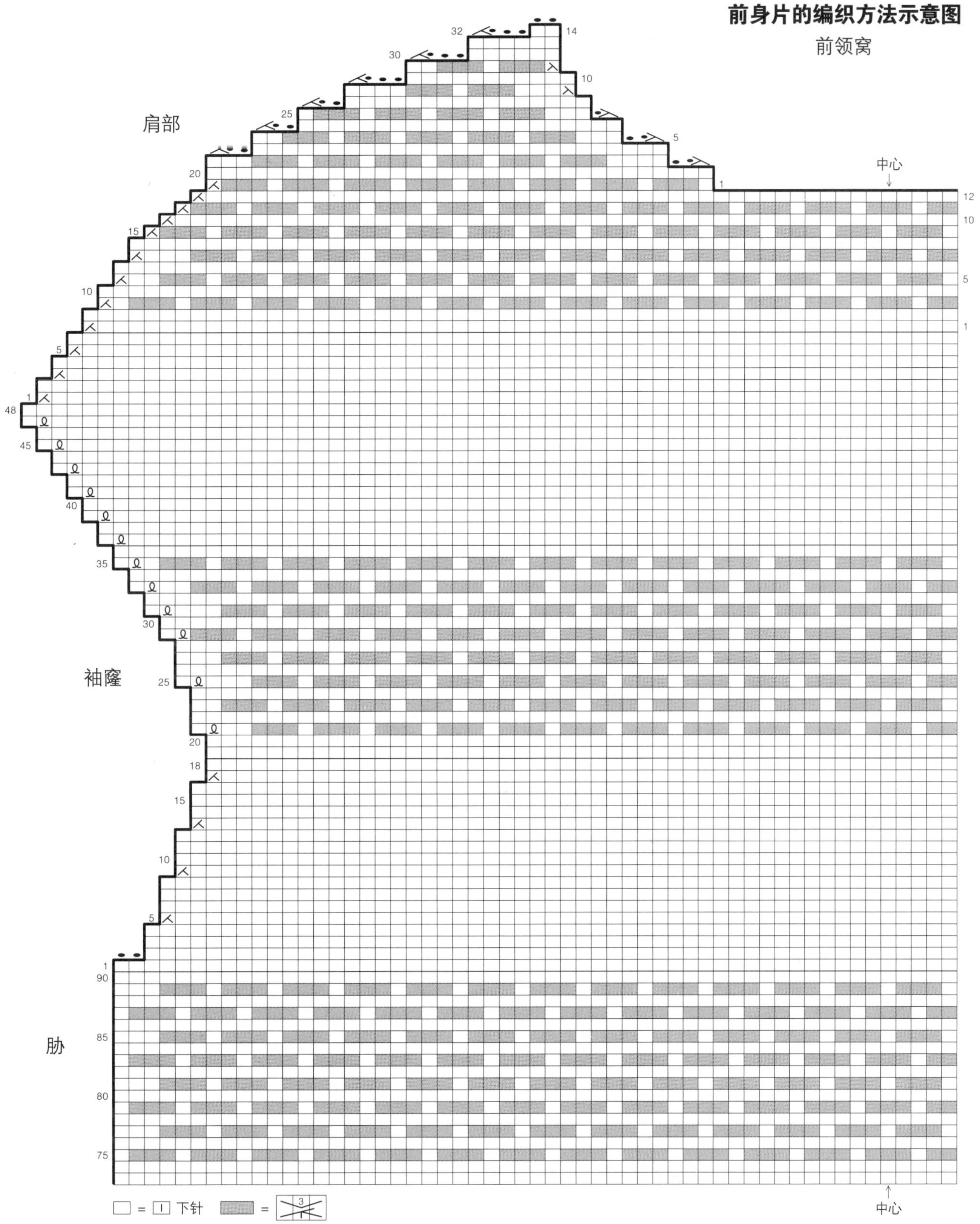

9

page 13

●材料 PRINCESS ANNY（粗）**作品 a** 蓝色（516）70g/2 团，砖红色（548）10g/1 团，**作品 b** 深灰色（519）70g/2 团，原色（502）10g/1 团，KID MOHAIR FINE（极细）**作品 a** 黑色（24）20g/1 团，**作品 b** 灰色（15）20g/1 团

●工具 棒针 7 号

●成品尺寸 手掌一圈 18cm，长 37cm

●密度 10cm×10cm 面积内：编织下针条纹花样 20 针，30 行；编织花样 26 针，27 行

■编织要点 手套 另线锁针起针，环形编织下针条纹花样。在大拇指的位置加入另线编织。环形编织各个手指，伏针收针。手腕处环形编织花样。最后 3 行编织单罗纹针，伏针收针。

各个手指（下针编织）

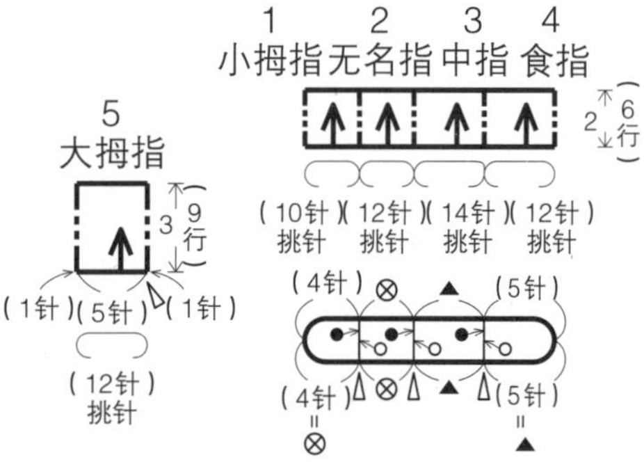

编织花样

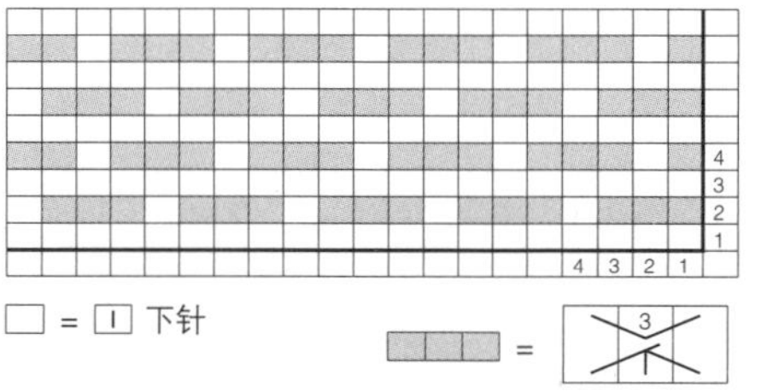

	作品a	作品b
（灰色）	砖红色	原色
（白色）	蓝色和黑色	深灰色和灰色

□ = PRINCESS ANNY和KID MOHAIR FINE 各1股，并为2股编织

右手

（编织下针条纹花样）

● = ᏊᏊ 2针卷针加针
○ = 2针挑针

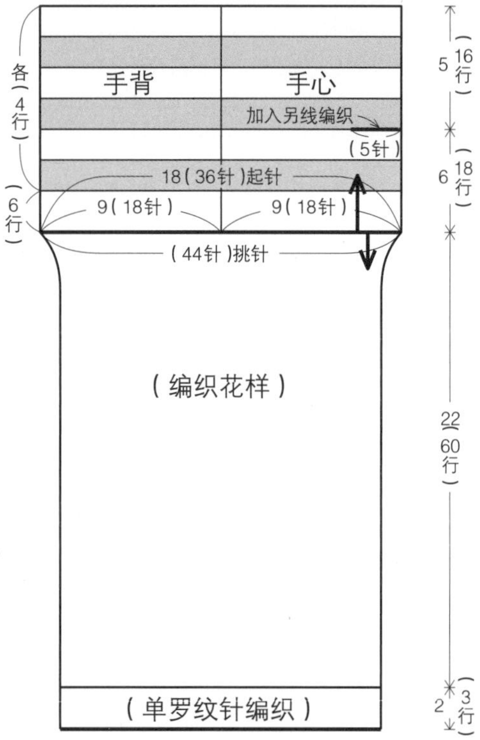

※全部使用7号针

在左上3针并1针上织1针放3针

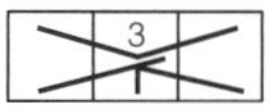

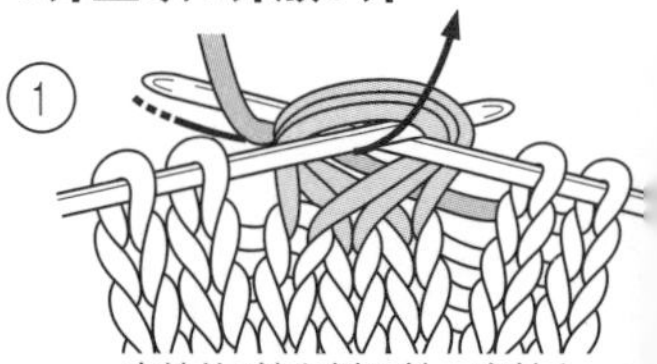

① 一次性从3针左侧入针，在针上挂线，拉出。

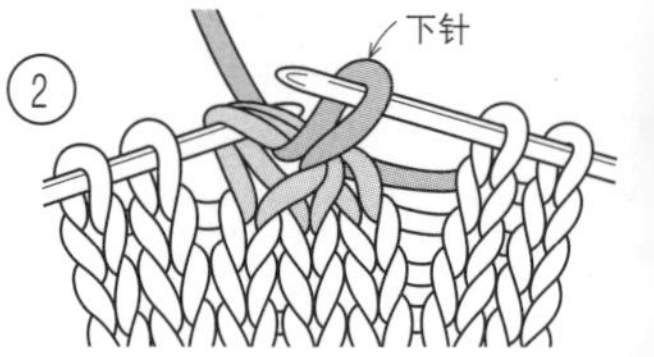

② 3针一起编织下针，左针上的3针挂在针上不动。

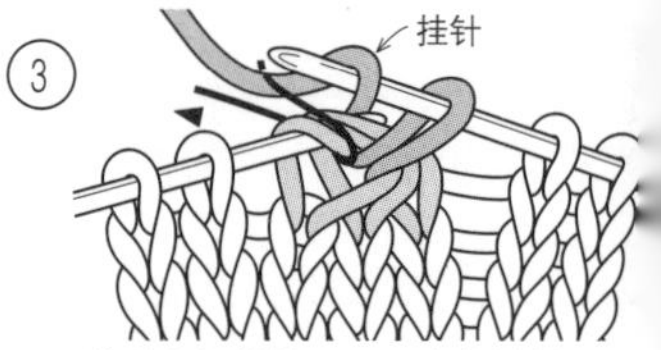

③ 接着编织挂针，再一次将针插入3针处，编织下针。

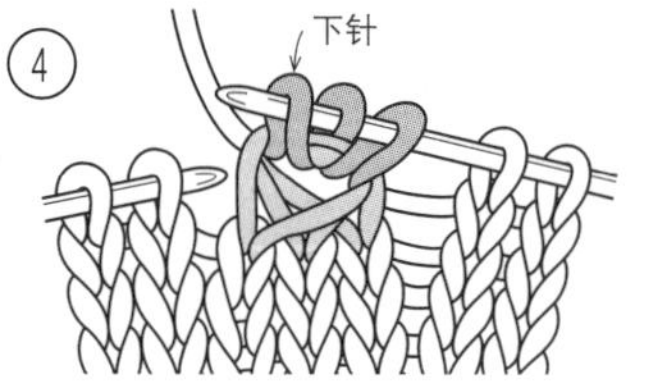

④ 从左针上拿下，完成。

大拇指的位置

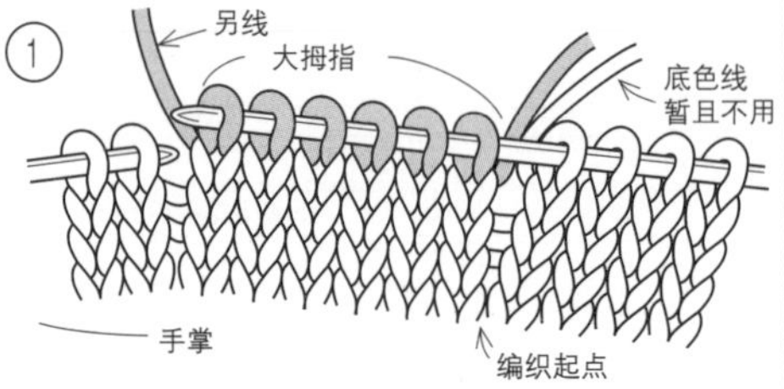

① 底色线暂且不用，使用另线编织大拇指。

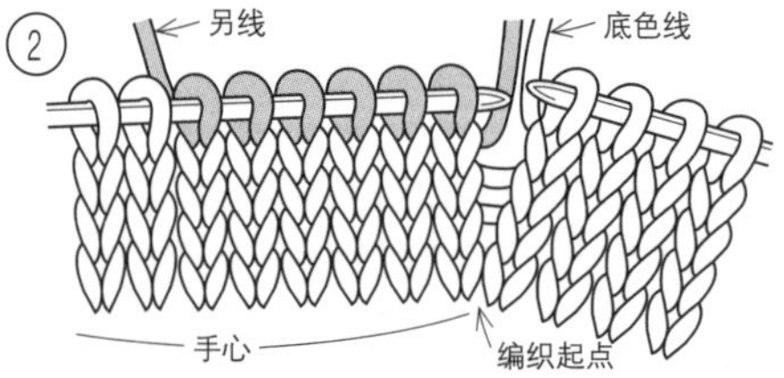

② 使用另线编织的针目移到右针上，使用底色线在其上继续编织。

大拇指的编织方法

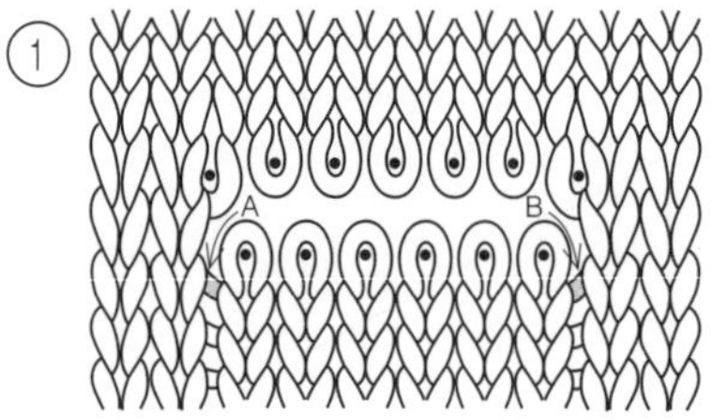

① 拆开另线。

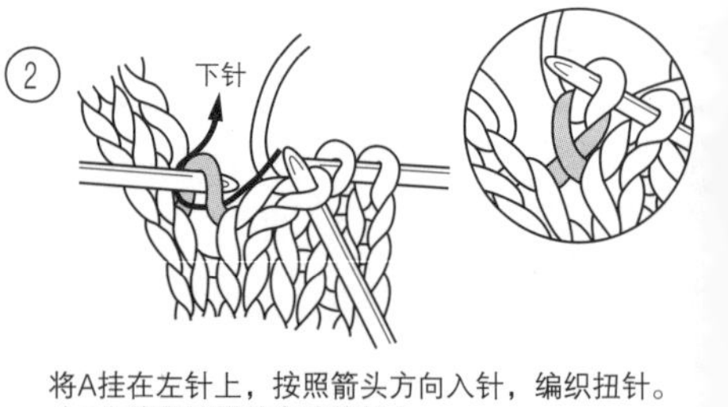

② 将A挂在左针上，按照箭头方向入针，编织扭针。（B也使用同样的方法编织）

3

page 5

●**材料** ESPUMA（超级粗）粉色、灰色系段染线（303）400g/8 团

●**工具** 棒针 15 号

●**成品尺寸** 胸围 92cm，肩背宽 35cm，衣长 70cm

●**密度** 10cm×10cm 面积内：编织下针 12 针，16 行

■**编织要点** **前后身片** 手指挂线起针，参照图示编织下针。身片通过肋的减针和中间的减针等 4 个地方（参照图示）进行减针。袖窿、领窝伏针，立起侧边 1 针减针，肩部往返编织，休针。**组合** 肩部前后正面相对，盖针钉缝。肋挑针接缝。

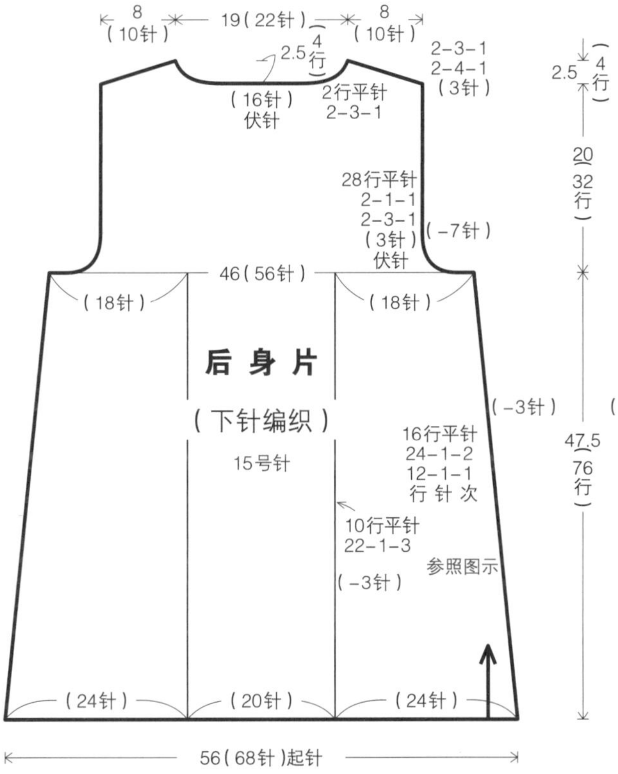

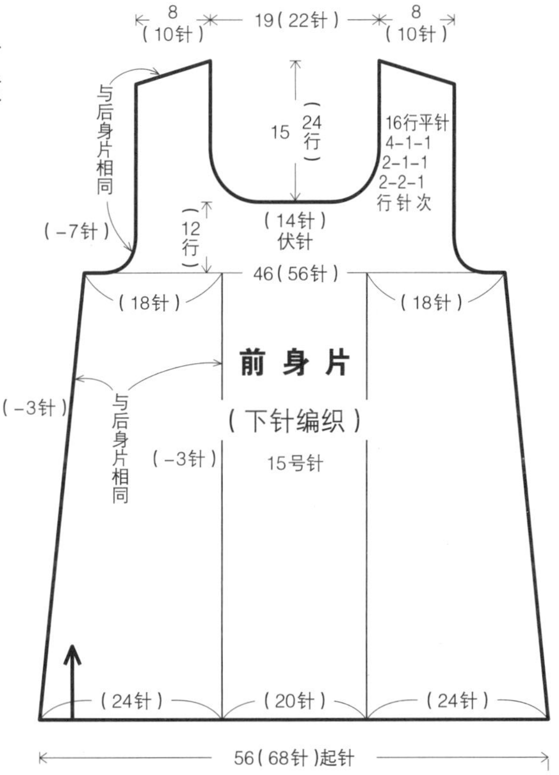

减针的编织方法示意图

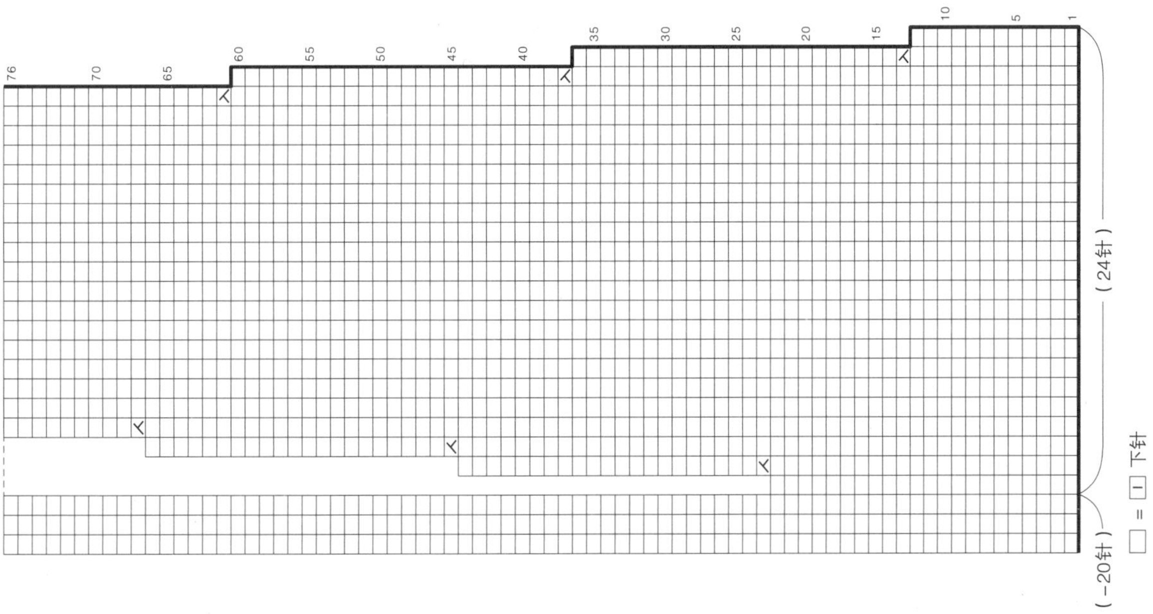

6

page 8

●**材料** QUEEN ANNY（中粗）原色（880）马甲 400g/8 团，帽子 100g/2 团；直径 2.4cm 的纽扣 5 颗

●**工具** 棒针 7 号

●**成品尺寸** **马甲** 胸围 85.5cm，肩背宽 38cm，衣长 51cm；**帽子** 头围 52cm，帽深 19cm

●**密度** 10cm×10cm 面积内：编织桂花针 20 针，32 行

■**编织要点** **前后身片** 另线锁针起针，编织桂花针。袖窿、领窝伏针，并立起侧边 1 针减针，肩部往返编织，休针。下摆一边均匀地扭针加针，一边挑取针目，编织双罗纹针，使用双罗纹针收针。**口袋** 手指挂线起针，参照图示编织，使用双罗纹针收针。**组合** 肩部引拔钉缝，胁挑针接缝。袖窿、前门襟编织双罗纹针，并用双罗纹针收针。衣领从前后领窝挑取针目，参照图示编织双罗纹针，在内侧对折，卷针缝缝合，缝成双层。口袋以下针钉缝和挑针接缝缝合在身片上。**帽子** 手指挂线起针，环形编织双罗纹针和桂花针。

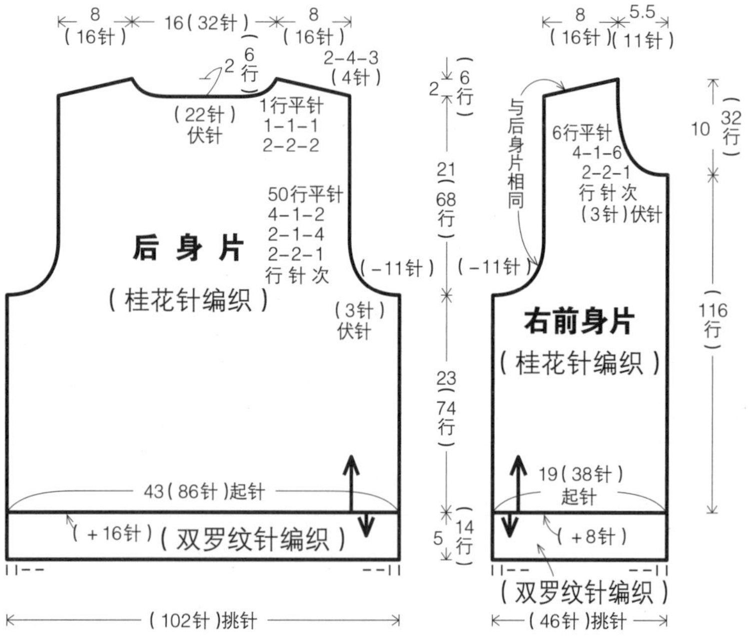

※全部使用7号针

※左前身片与右前身片左右对称编织

桂花针编织

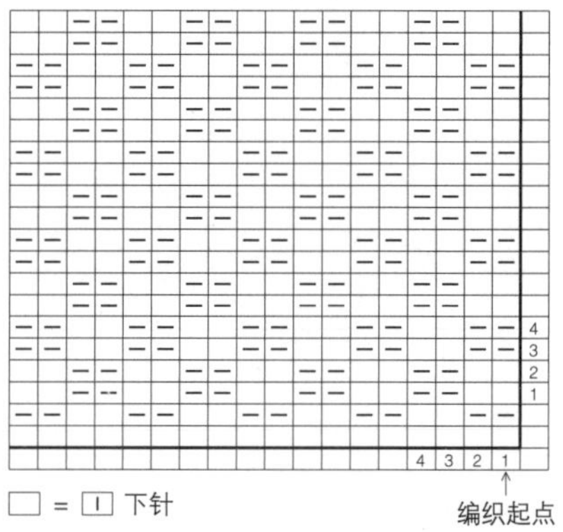

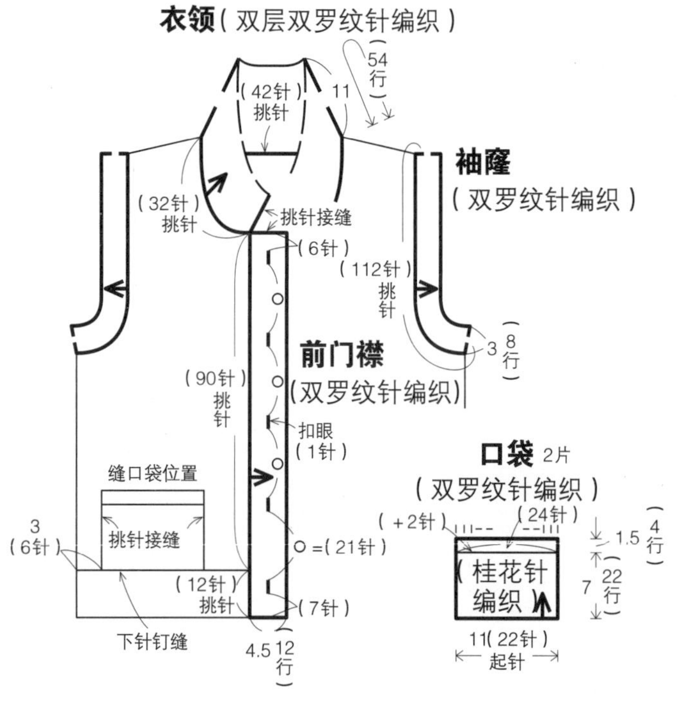

引拔钉缝

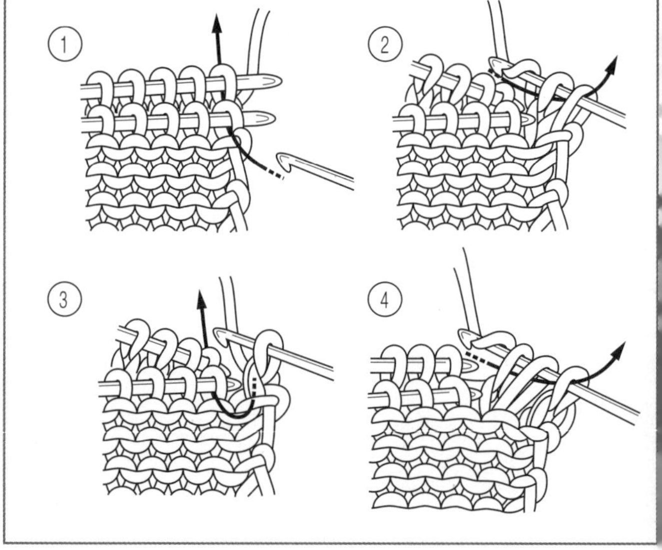

双罗纹针编织、衣领的编织方法示意图

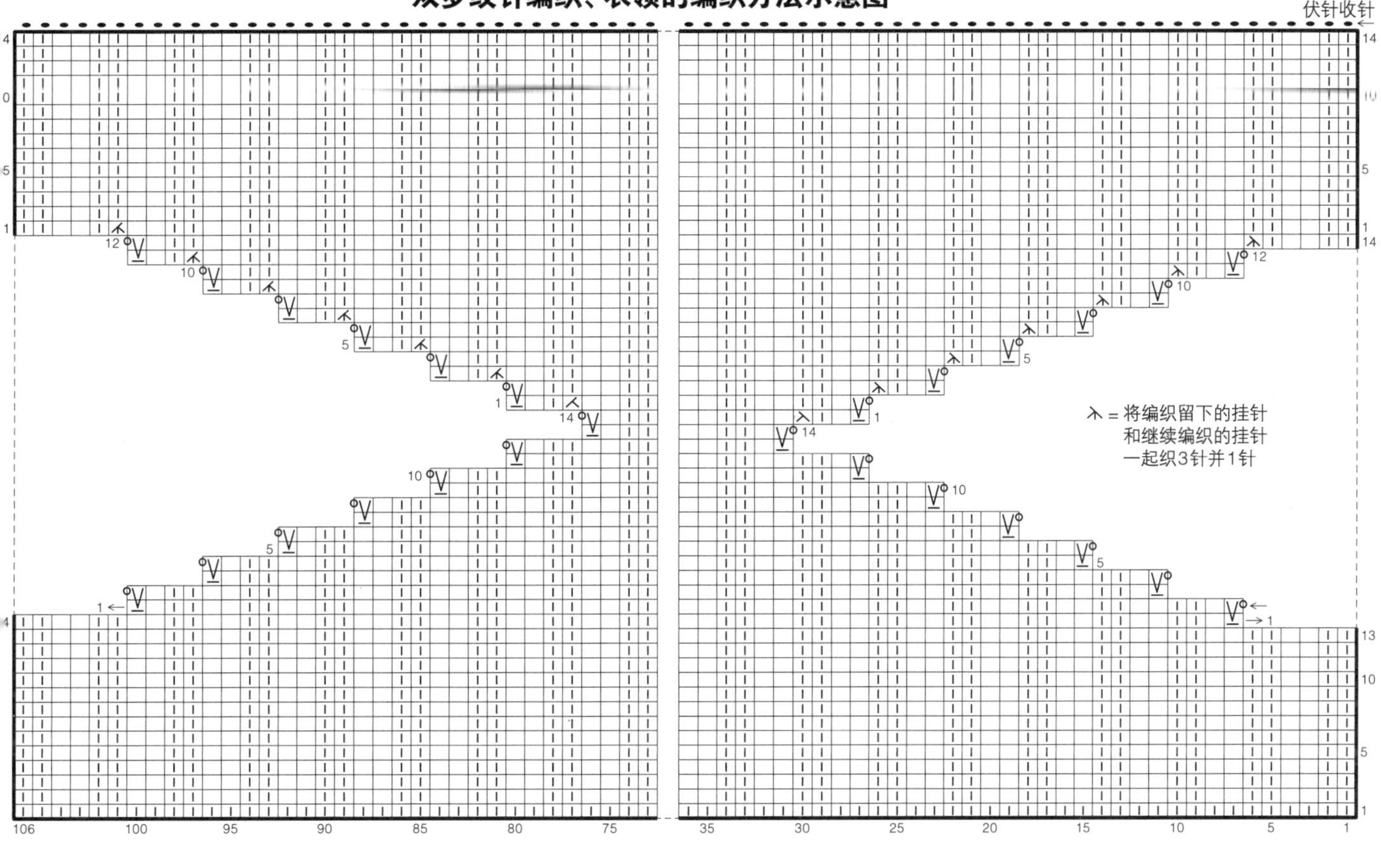

□ = ⊟ 上针

扣眼（右前门襟）

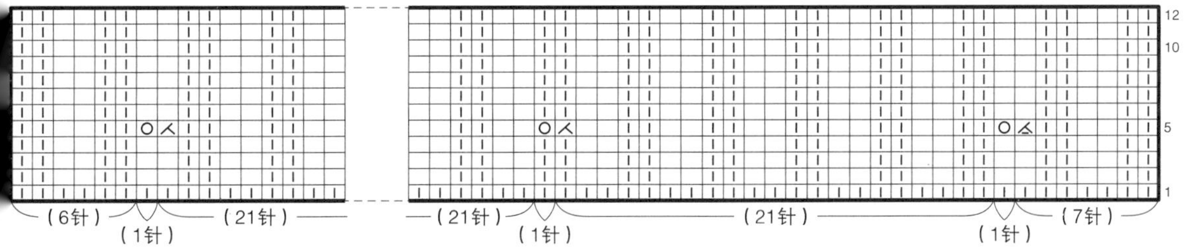

□ = ⊟ 上针

帽子

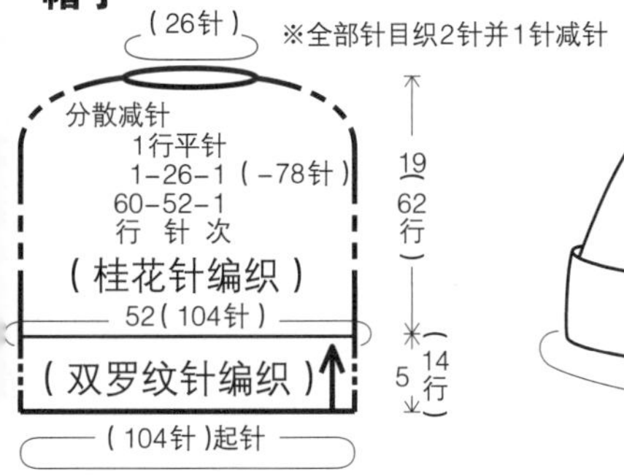

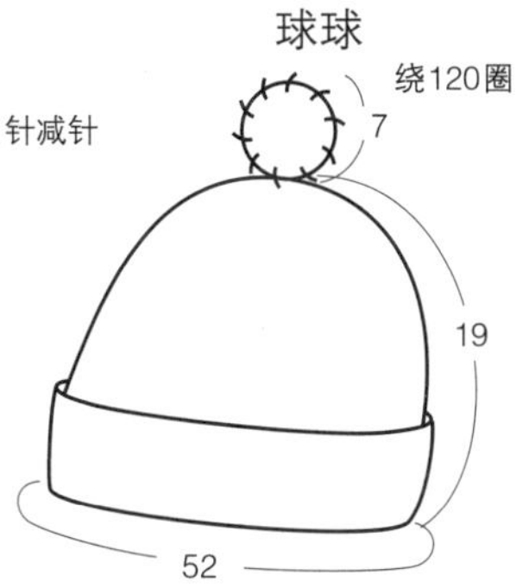

衣领（双罗纹针编织）

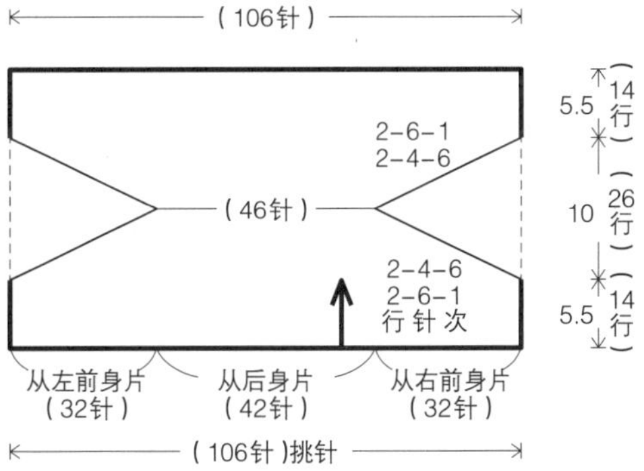

7

page 10

●**材料** BRITISH EROIKA（极粗）**马甲** 原色（134）330g/7团，灰米色（173）30g/1团，**帽子** 原色（134）75g/2团，灰米色（173）50g/1团；直径2.5cm的纽扣5颗

●**工具** 棒针10号、9号，钩针8/0号

●**成品尺寸** **马甲** 胸围88.5cm，肩背宽38cm，衣长52cm；**帽子** 头围53cm，帽深19.5cm

●**密度** 10cm×10cm面积内：编织下针、配色花样17针，21行

■**编织要点** **后身片** 另线锁针起针，编织下针。袖窿、领窝伏针，立起侧边1针减针，肩部往返编织，休针。下摆一边均匀地编织扭针加针，一边挑取针目，编织单罗纹针，使用单罗纹针收针。**前身片** 与后身片编织方法相同，但是要在图示位置编织配色花样（横向渡线）。**口袋** 手指挂线起针，参照图示编织，使用单罗纹针收针。**组合** 肩部引拔钉缝，胁挑针接缝。袖窿、前门襟、衣领编织单罗纹针，并用单罗纹针收针。使用钩针编织单罗纹针的边缘。口袋以下针钉缝和挑针接缝缝合在身片上。**帽子** 参照图示环形编织，在帽顶缝上球球。

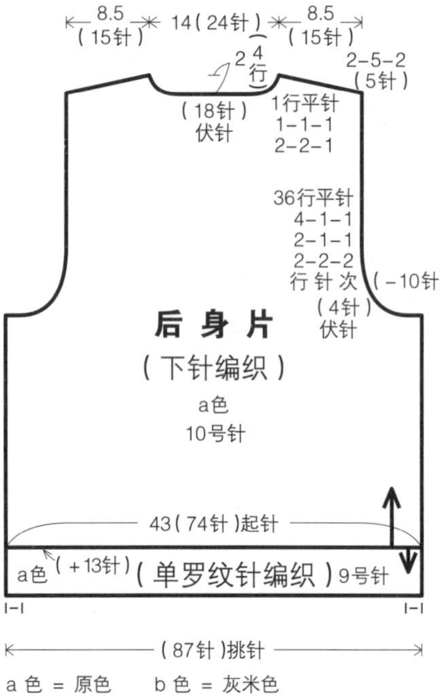

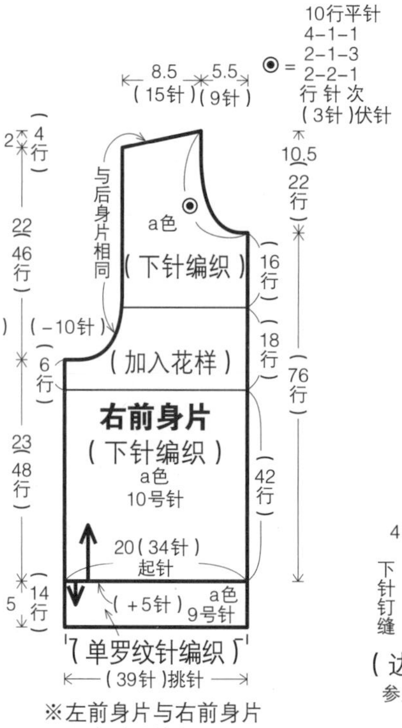

※左前身片与右前身片左右对称编织

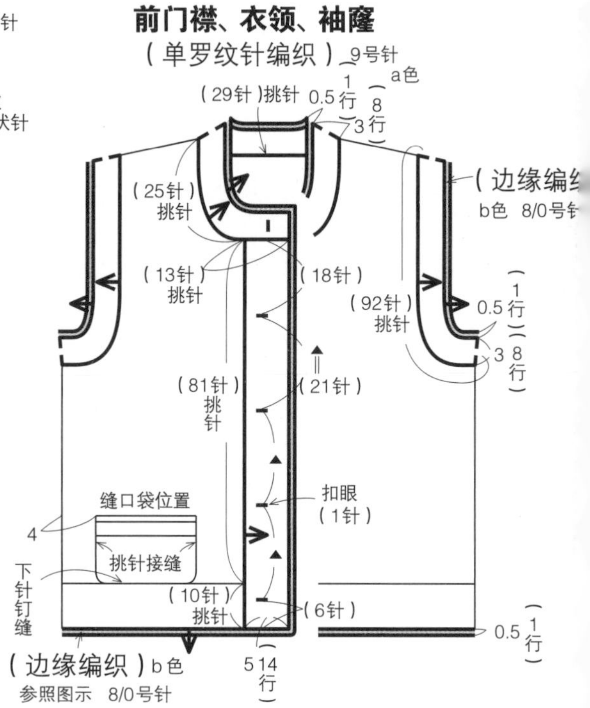

□、■ = ▯ 下针
□ = 灰米色
■ = 原色

配色花样（右前身片）　　（左前身片）

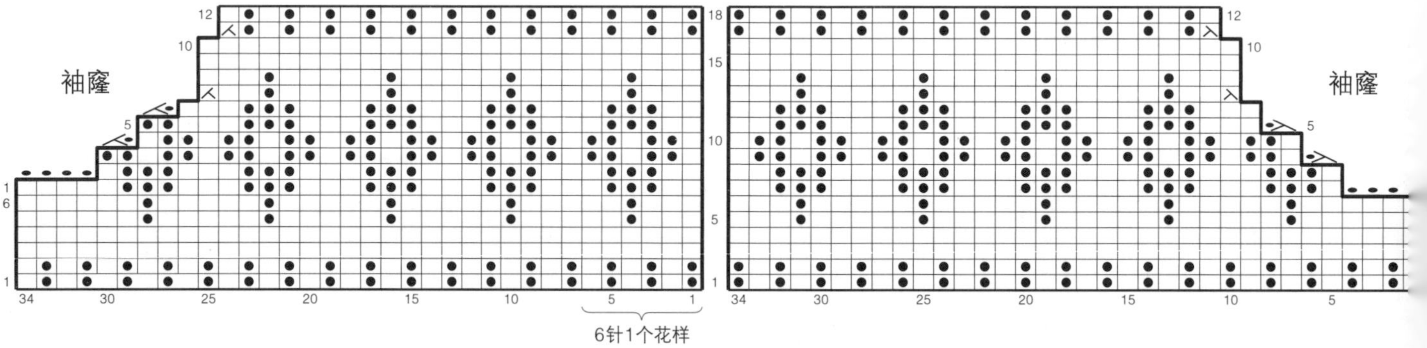

扣眼（右前门襟）

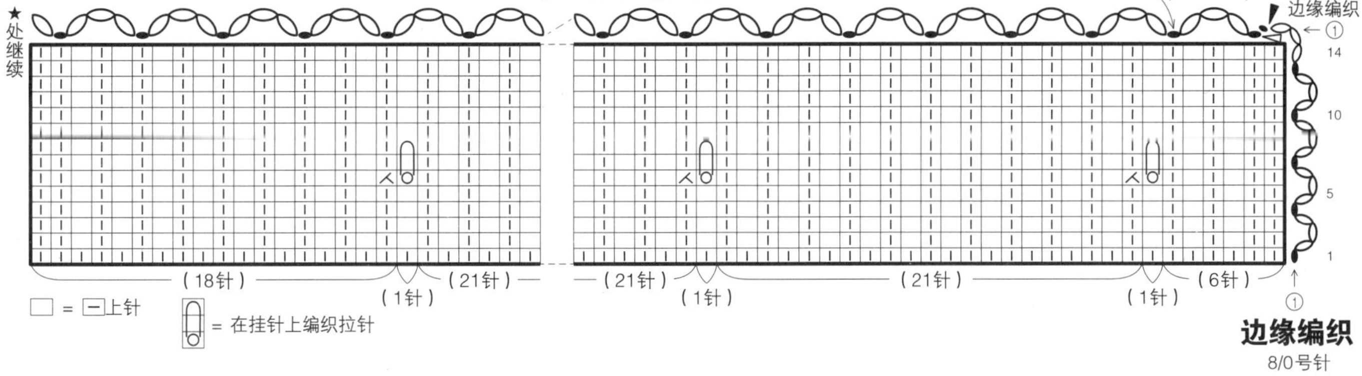

扣眼（右衣领）

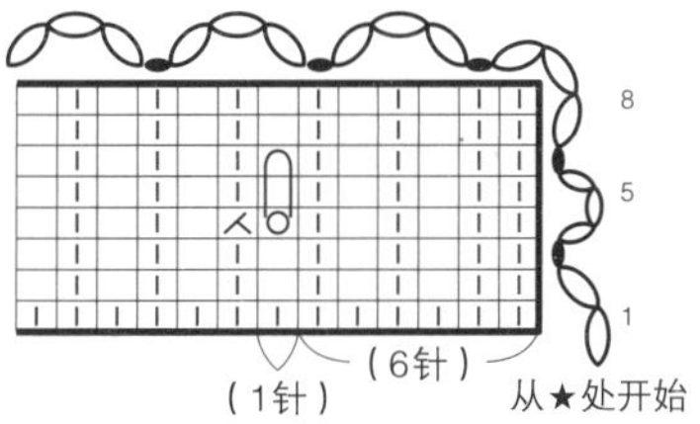

帽子 10号针

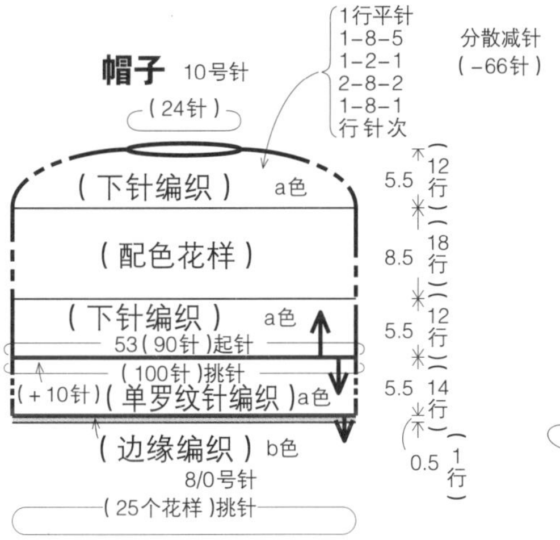

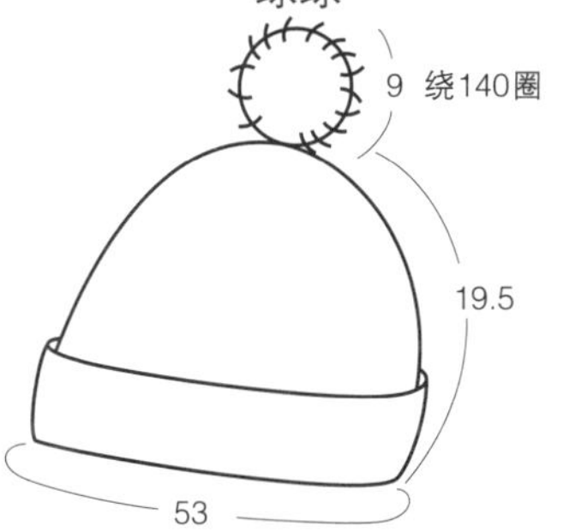

口袋（下针编织） a色

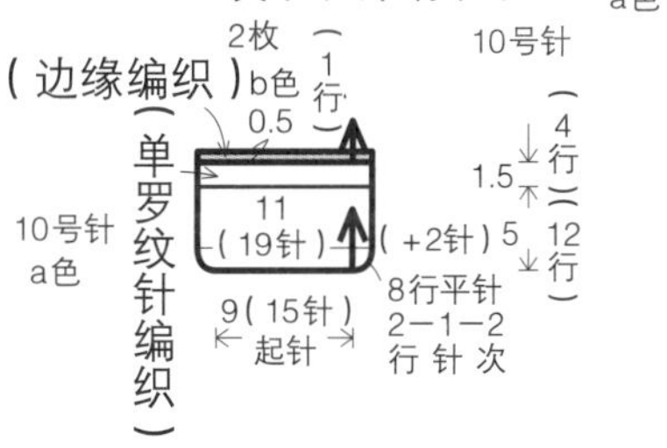

帽子减针的编织方法示意图

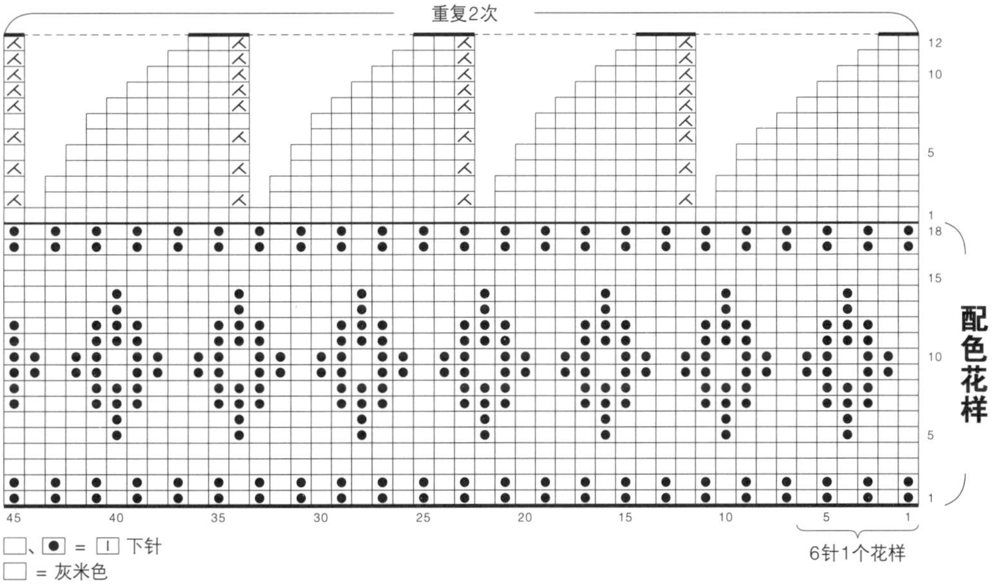

帽顶的收紧方法

（针数多的情况）

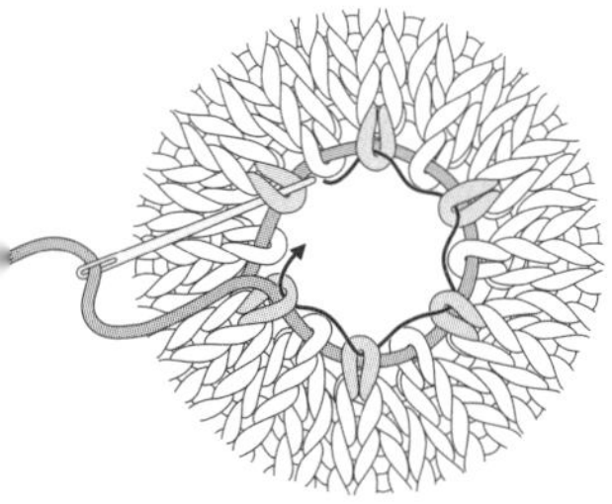

（针数少的情况）

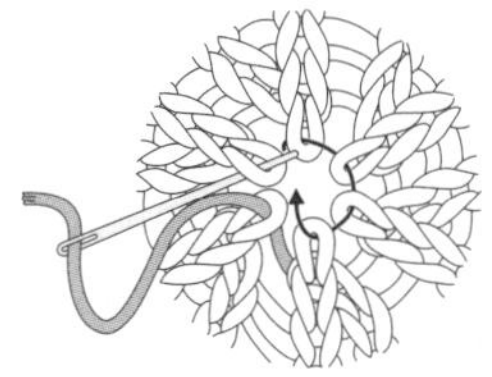

2

page 4

● **材料** ESPUMA（超级粗）橘黄色、茶色系段染线（306）730g/15 团，直径 2.5cm 的纽扣 6 颗

● **工具** 棒针 10mm、8mm、7mm，钩针 10mm

● **成品尺寸** 胸围 92.5cm，肩背宽 32cm，衣长 75cm，袖长 55cm

● **密度** 10cm×10cm 面积内：编织下针 12 针，16 行

■**编织要点** **前后身片** 手指挂线起针，编织花样和下针。前身片与前门襟编织花样。胁、袖窿、领窝伏针，并立起侧边 1 针减针，肩部往返编织，休针。**袖** 与身片使用同样方法起针，袖下扭针加针，袖山最后的针目伏针收针。**衣领** 参照图示编织，使用钩针收针。**组合** 肩部引拔钉缝，胁、袖下挑针接缝。衣领、袖引拔钉缝在身片上。

衣领的缝合方法

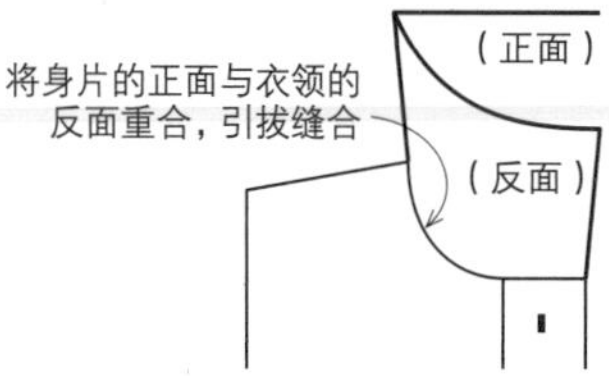

编织花样

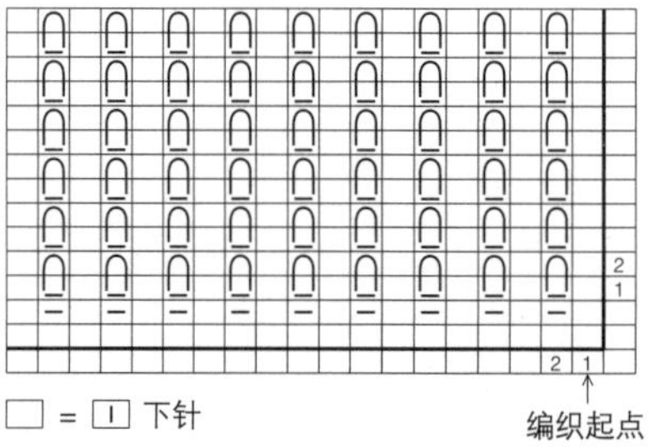

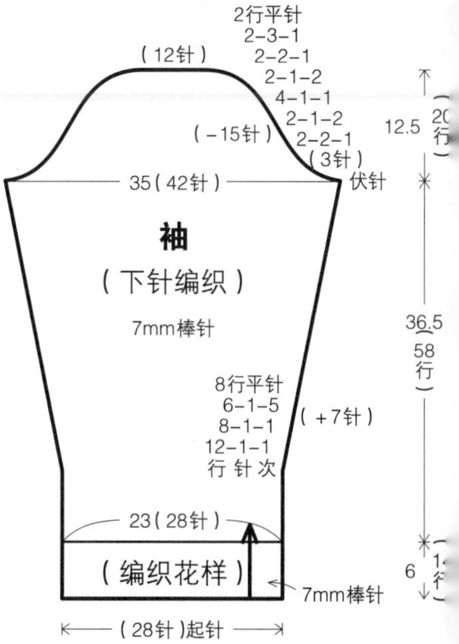

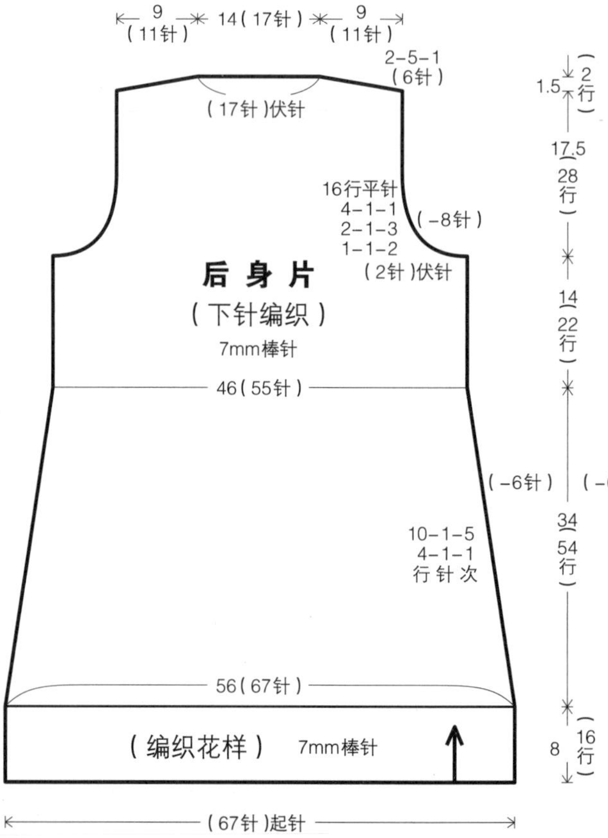

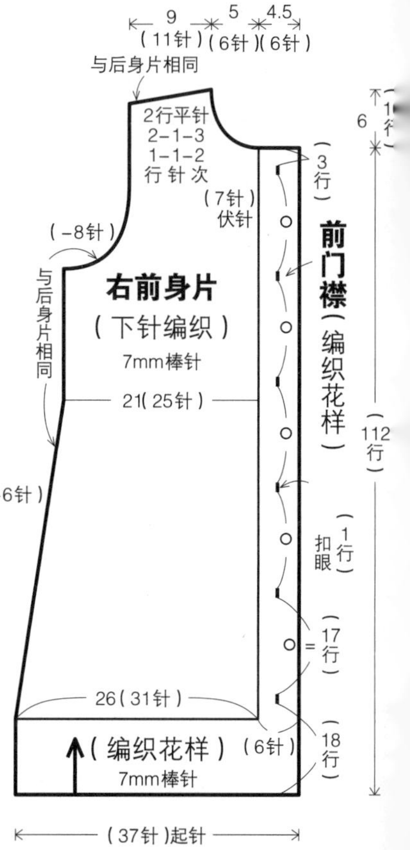

※左前身片与右前身片左右对称编织

衣领(编织花样)

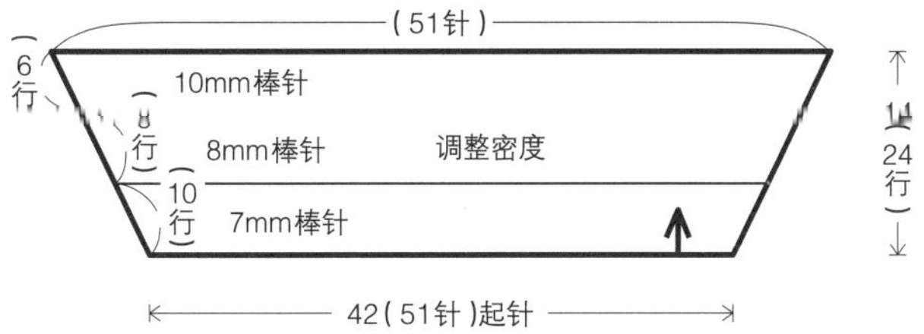

衣领编织方法示意图

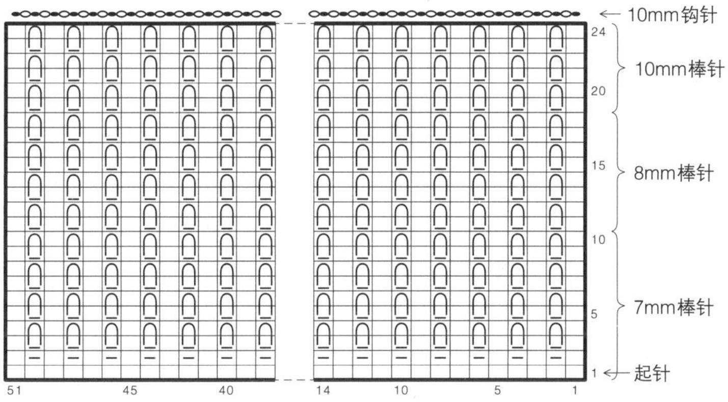

□ = 丨 下针　※手指挂线起针

扣眼(右前门襟)

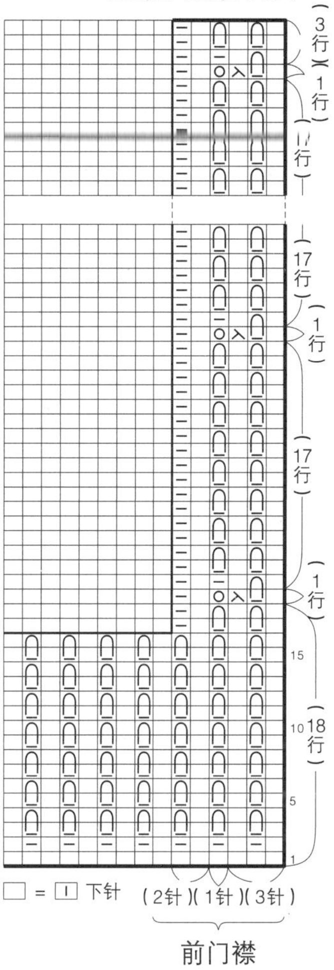

□ = 丨 下针

手指挂线起针

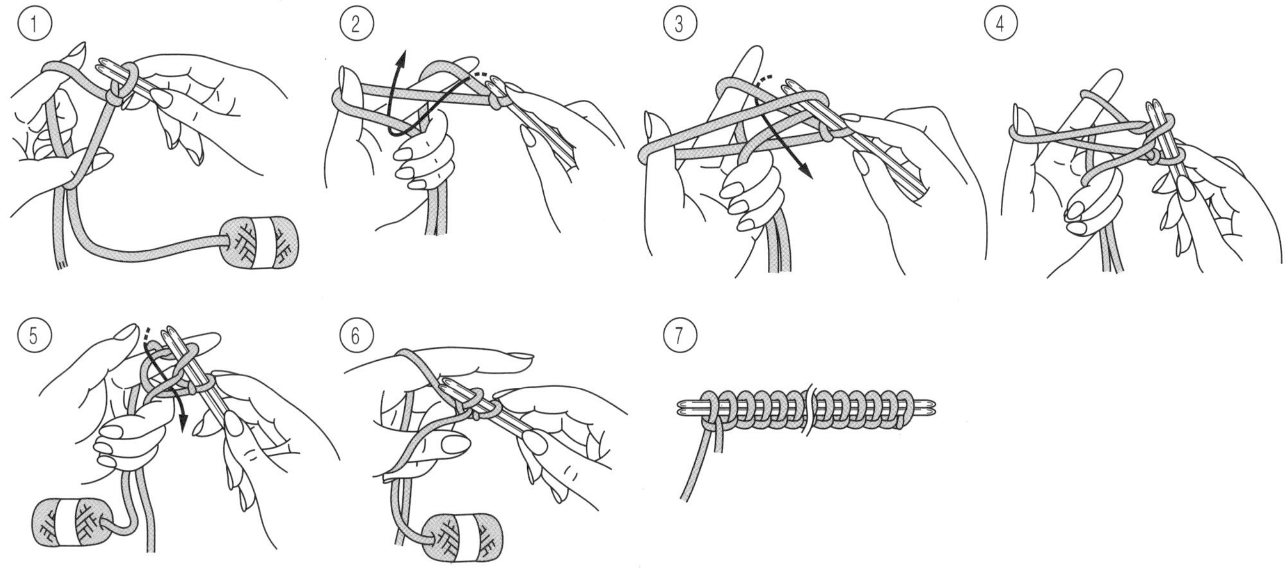

4

page 6

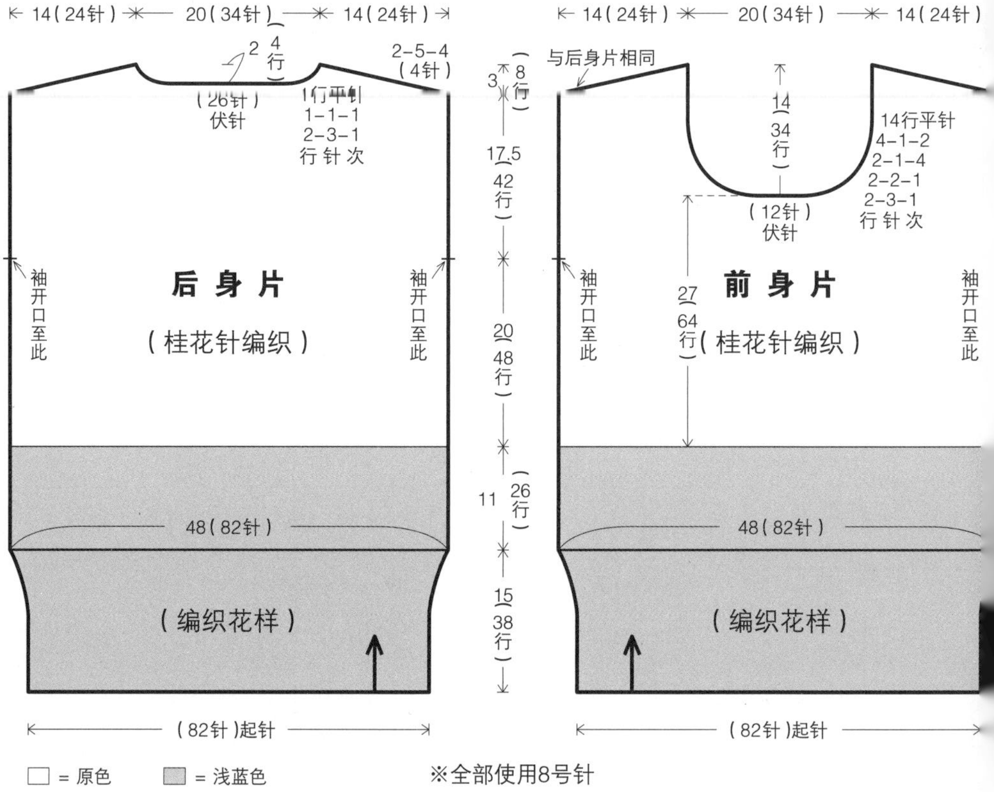

●**材料** SOFT DOUEGAL(中粗)原色(5207)190g/5团，浅蓝色(5204)130g/4团

●**工具** 棒针8号

●**成品尺寸** 胸围96cm，衣长66.5cm，连肩袖长24cm

●**密度** 10cm×10cm面积内：编织桂花针17针，24行；编织花样23针，25.5行

■**编织要点 前后身片** 手指挂线起针，从下摆开始编织花样、桂花针。使用浅蓝色线编织花样，接着编织26行桂花针，之后使用原色线编织。袖口开口停止处加入线的记号，继续等针直编到肩部。领窝伏针，并立起侧边1针减针。肩部往返编织，休针。

组合 肩部引拔钉缝。胁留出袖口的位置，挑针接缝至线的记号处为止。

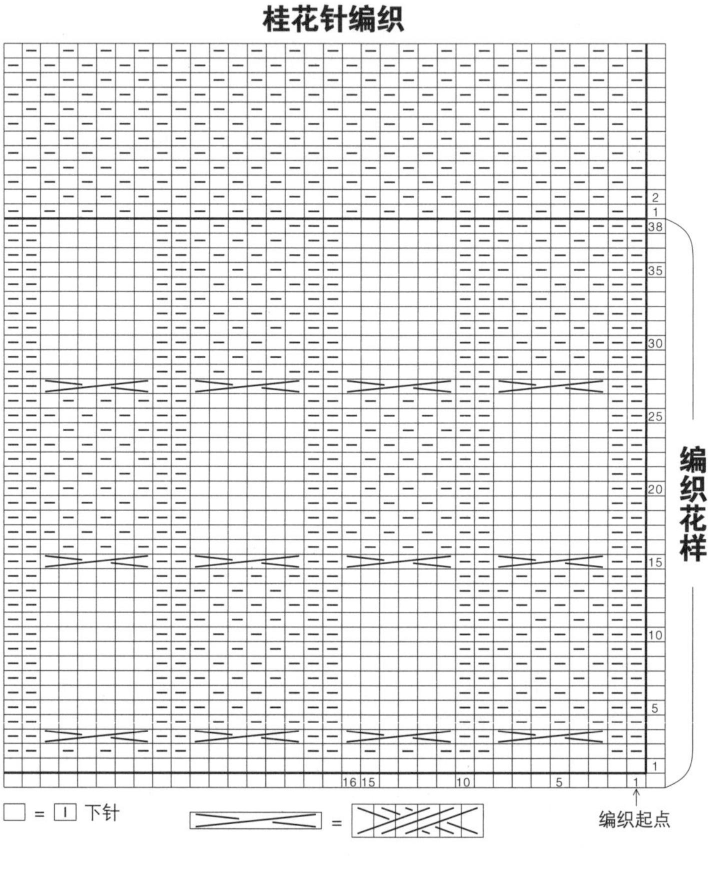

10

page 14

●**材料** TRIORA（粗）黄绿色线（209）210g/6 团，直径 3cm 的纽扣 2 颗

●**工具** 棒针 7 号，钩针 5/0 号

●**成品尺寸** 胸围 96cm，衣长 52.5cm，连肩袖长 23cm

●**密度** 10cm×10cm 面积内：编织下针 18.5 针，28 行

■**编织要点** **后身片** 手指挂线起针，编织双罗纹针、下针完成胁，袖口编织花样。领窝伏针，并立起侧边 1 针减针。肩部往返编织，休针。**前身片** 与后身片使用相同的方法起针，和前门襟一起编织双罗纹针。**组合** 肩部盖针钉缝，胁挑针接缝。衣领编织双罗纹针，但在后领部分参照图示分散减针。编织终点伏针收针。领边和前门襟针与行对齐钉缝。

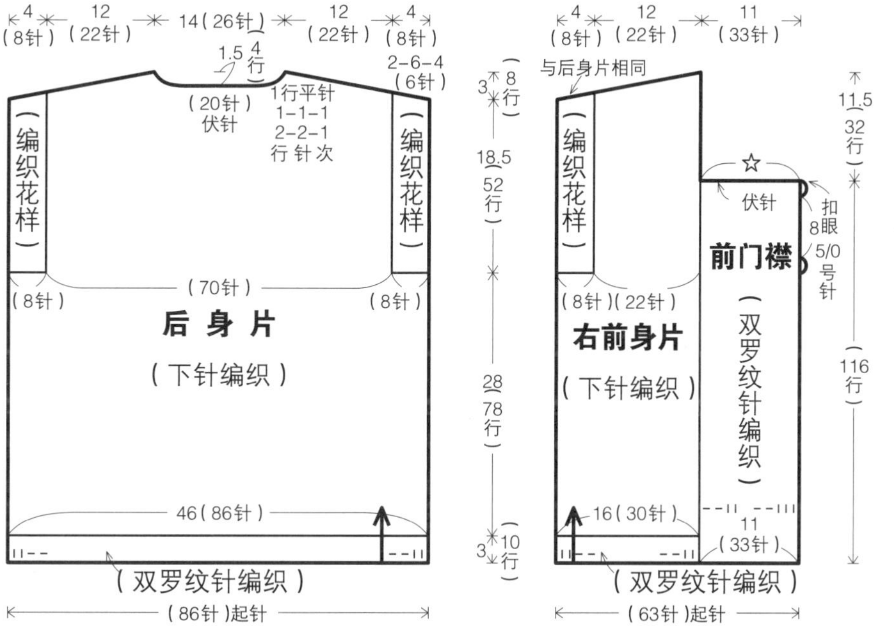

※除指定之外均使用7号针

※左前身片与右前身片左右对称编织

扣眼

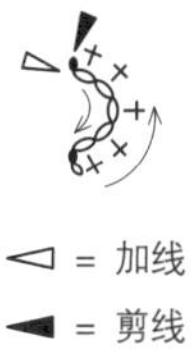

编织花样

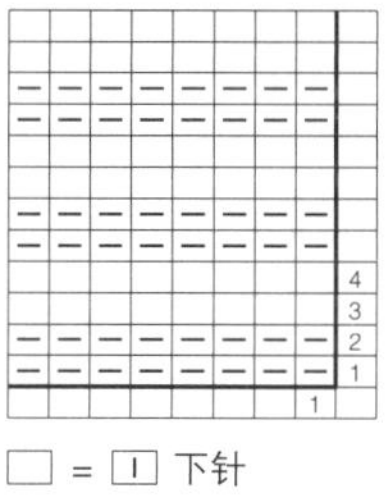

双罗纹针编织、后领的分散加针

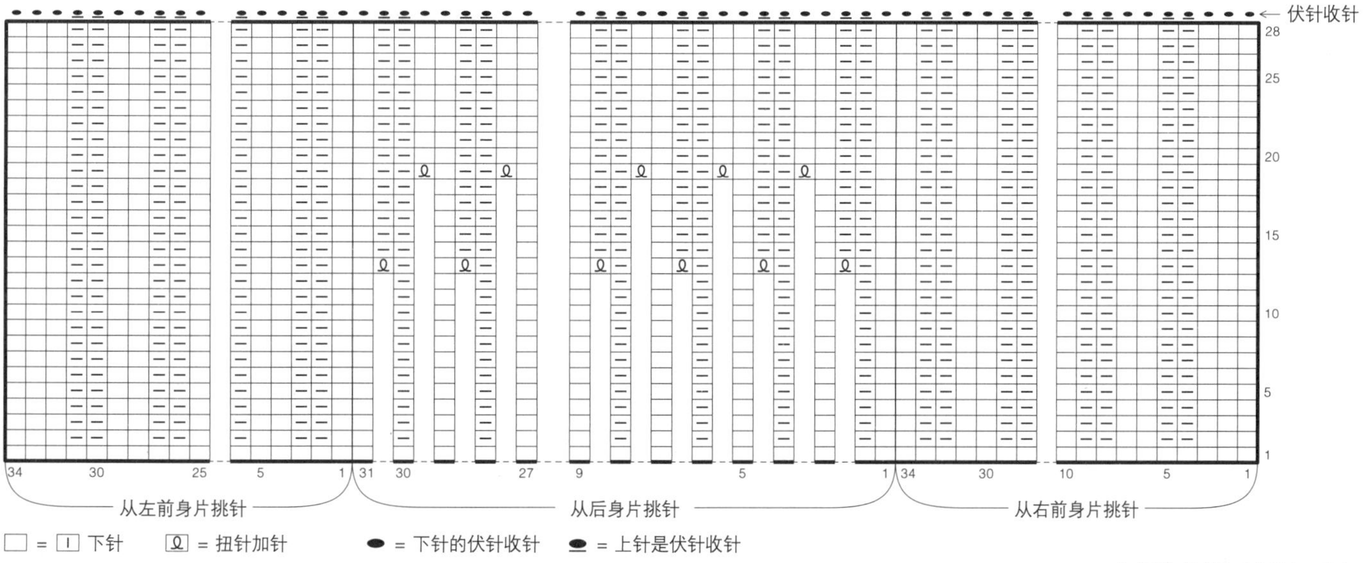

★衣领的编织图参照66页

5

page 7

●**材料** BOTTONATO（中粗）黑灰色（108）240g/6团

●**工具** 棒针8号

●**成品尺寸** 胸围92cm，肩背宽35cm，衣长59cm

●**密度** 10cm×10cm面积内：编织上针17针，28行；编织花样24.5针，28行

■**编织要点 前后身片** 手指挂线起针，从下摆开始编织双罗纹针。两肋编织上针，中间部分编织花样，在第1行要参照图示扭针加针。袖窿、领窝伏针，并立起侧边1针减针。肩部往返编织，休针。**组合** 肩部前后正面相对盖针钉缝。胁挑针接缝。衣领、袖窿从身片挑针，环形编织双罗纹针，将上下针对齐，伏针收针。

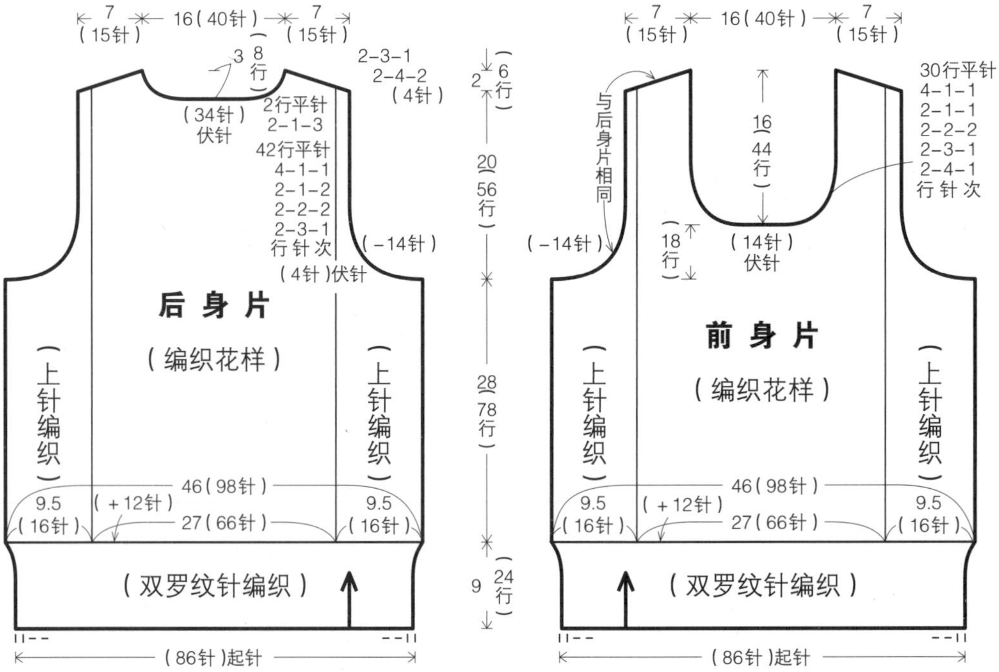

※全部使用8号针

★接作品10，65页

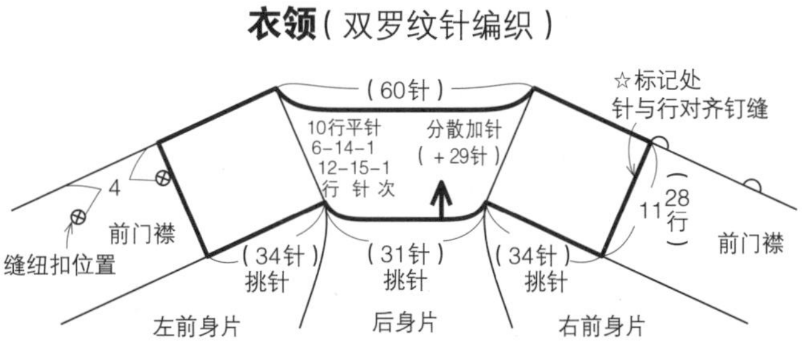

上针编织

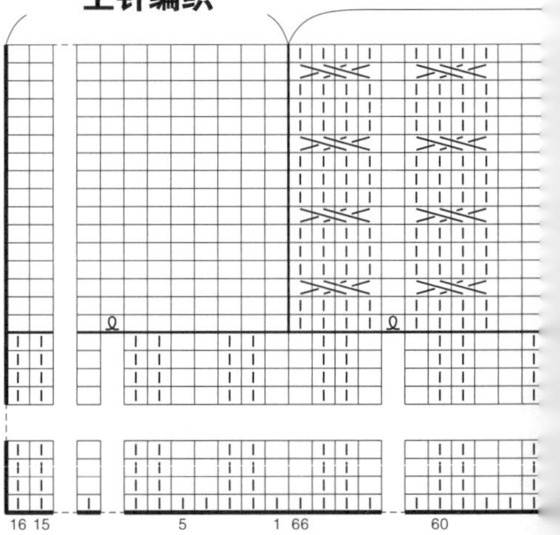

□ = ⊟ 上针　Ⓠ = 扭针加针

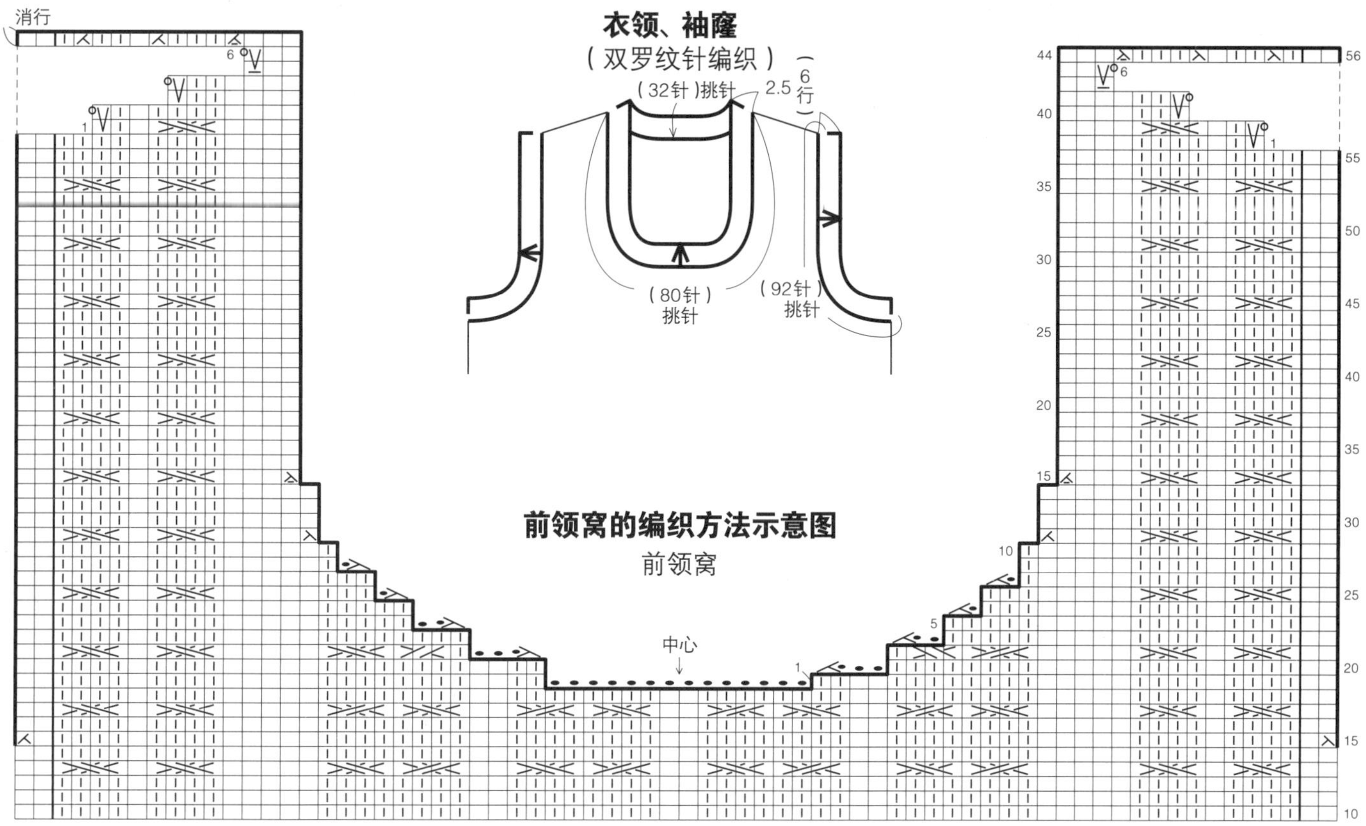
消行
衣领、袖窿
（双罗纹针编织）
（32针）挑针
2.5
（6行）
（80针）挑针
（92针）挑针
前领窝的编织方法示意图
前领窝
中心

□ = ⊟ 上针

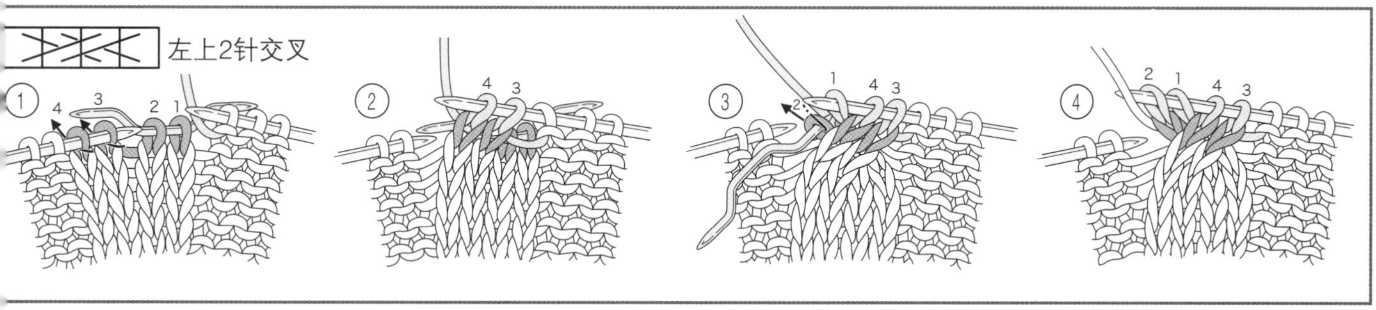
左上2针交叉

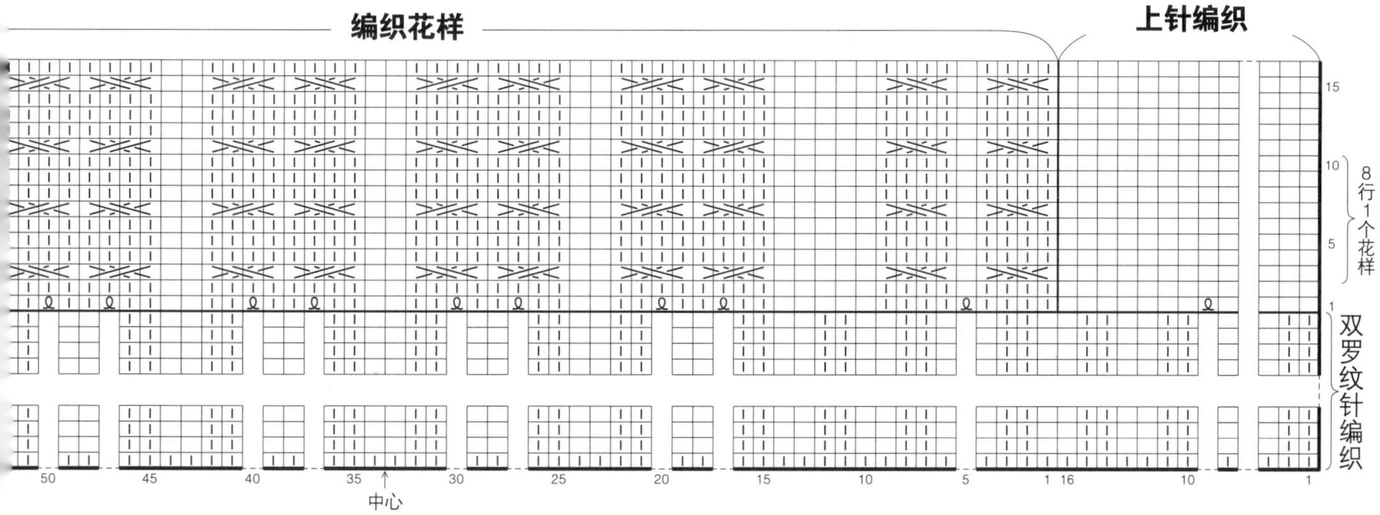
编织花样
上针编织
8行1个花样
双罗纹针编织
中心

11

page 15

●**材料** PADOVA（粗）黄绿色、黑色、原色木纹（506）180g/5团

●**工具** 棒针9号

●**成品尺寸** 胸围106cm，衣长45cm，连肩袖长37.5cm

●**密度** 10cm×10cm面积内：编织花样15.5针，23行

■**编织要点** **前后身片** 手指挂线起针，编织平针和花样。在肋上袖口开口停止处加入线的记号，等针直编到肩部。领窝中间的针目休针，伏针收针，并立起侧边1针减针，肩部休针。**袖** 与身片使用同样的方法起针，参照图示等针直编，休针。**组合** 肩部引拔钉缝。衣领从前后领窝挑取针目，环形编织平针，上针伏针收针。袖对齐身片上线的记号，并按照线的记号的尺寸针与行对齐钉缝。肋、袖下挑针接缝。

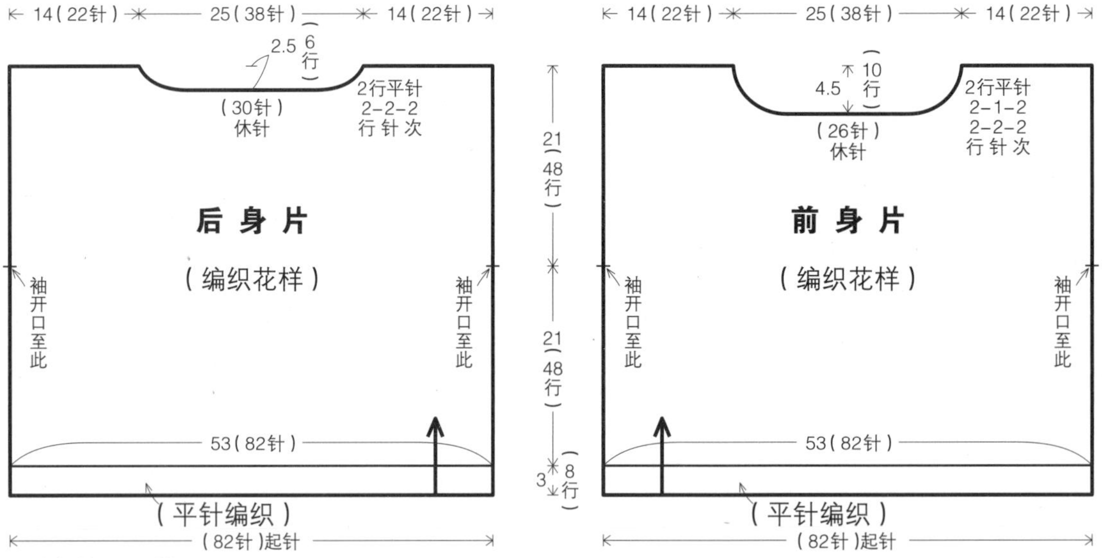

※全部使用9号针

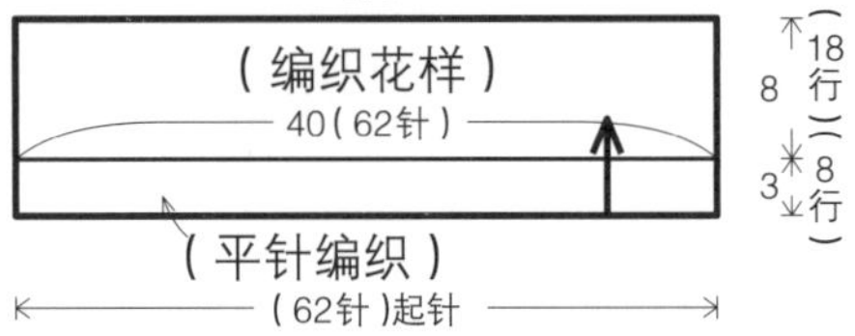

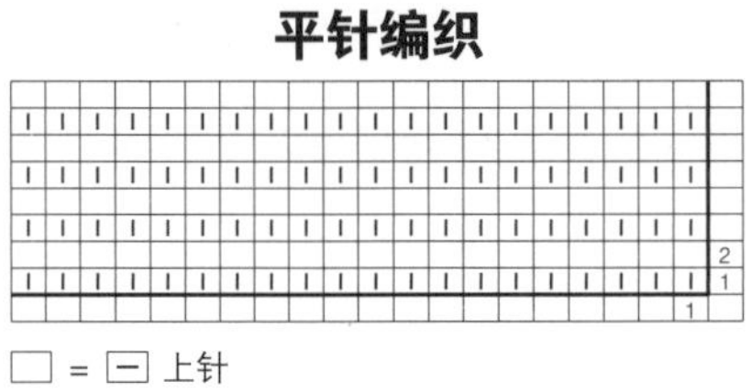

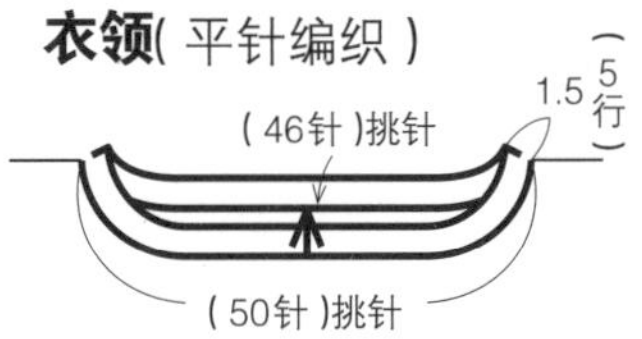

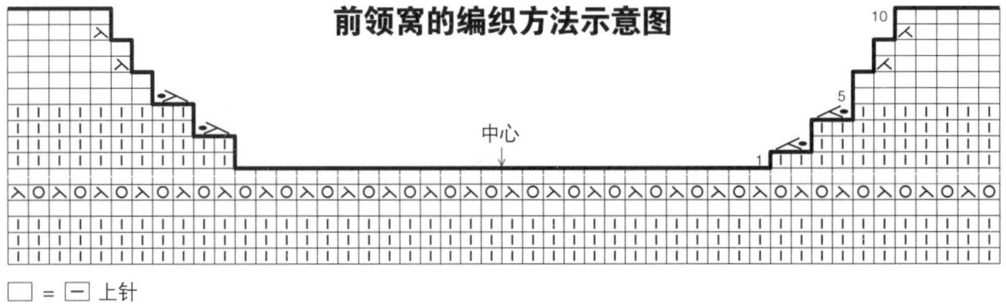

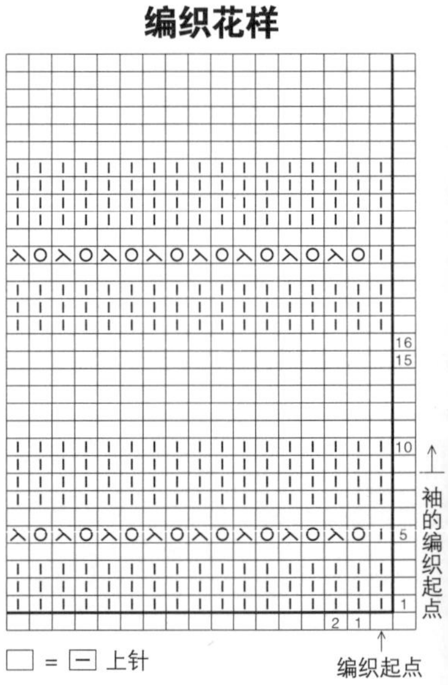

12
page 16

●**材料** LECCE（中细）蓝色、紫红色系木纹（402）65g/2 团，PRINCESS ANNY（粗）米色（521）90g/3 团，原色（502）55g/2 团，黄色（551）15g/1 团

●**工具** 棒针 6 号、4 号

●**成品尺寸** 胸围 88cm，肩背宽 33cm，衣长 55cm

●**密度** 10cm×10cm 面积内：配色花样 26 针，26 行

■**编织要点** **配色花样** 配色花样使用横向渡线的编织方法进行编织。**前后身片** 另线锁针起针，参照图示编织配色花样。领窝、袖窿伏针，并立起侧边 1 针减针（前身片中心的针目休针），肩部往返编织，休针。下摆的单罗纹针是一边拆开起针的锁针一边挑针编织，在第 1 行平均每 5 针织 1 次 2 针并 1 针进行减针，将上下针目对齐伏针收针。**组合** 肩部盖针钉缝，胁挑针接缝。衣领、袖窿环形编织单罗纹针，在前领中心参照图示减针。编织终点的针目，将上针、下针对齐伏针收针。

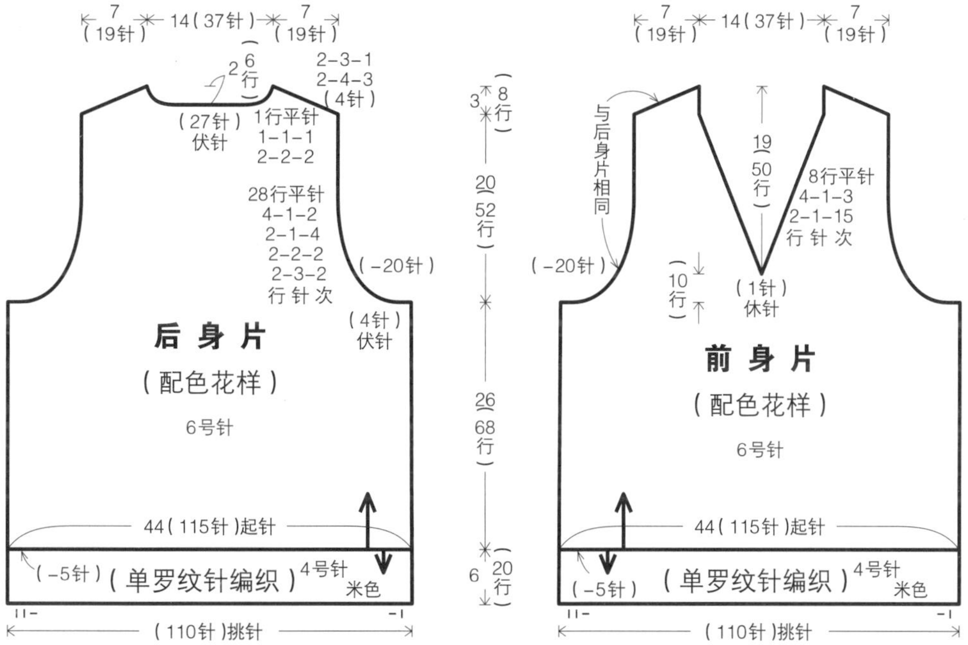

衣领、袖窿（单罗纹针编织）

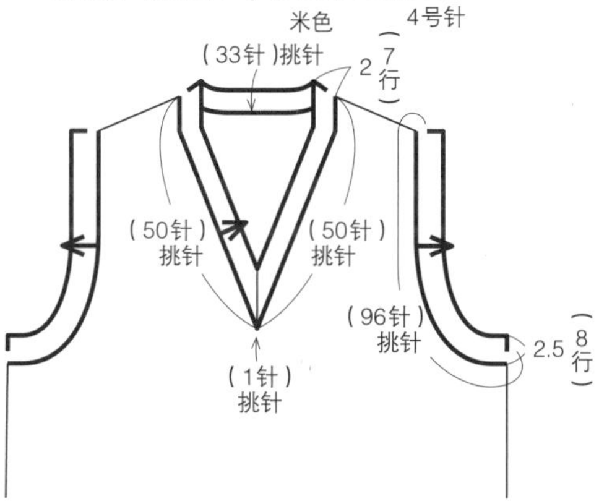

V领领尖的编织方法示意图

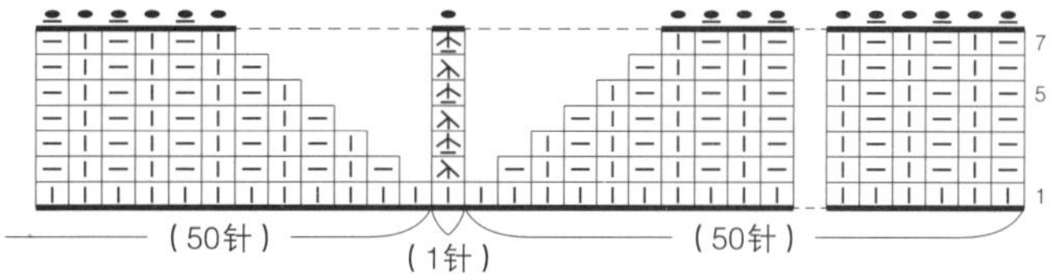

● = 下针的伏针收针

● = 上针的伏针收针

★接下一页

配色花样、前后身片的编织方法示意图

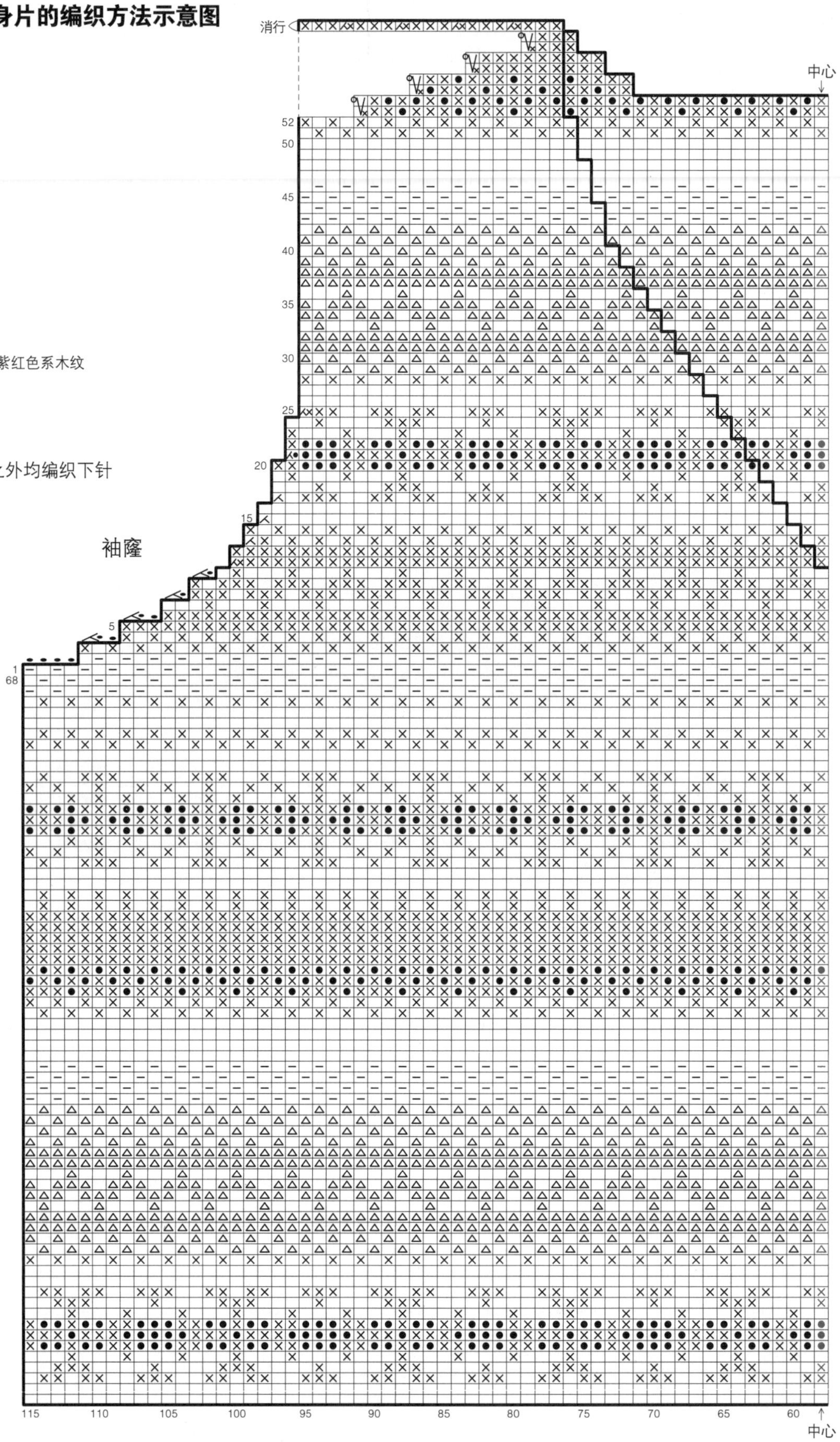

⊟ = 上针
□ = 蓝色、紫红色系木纹
△ = 米色
● = 黄色
☒ = 原色

※除指定之外均编织下针

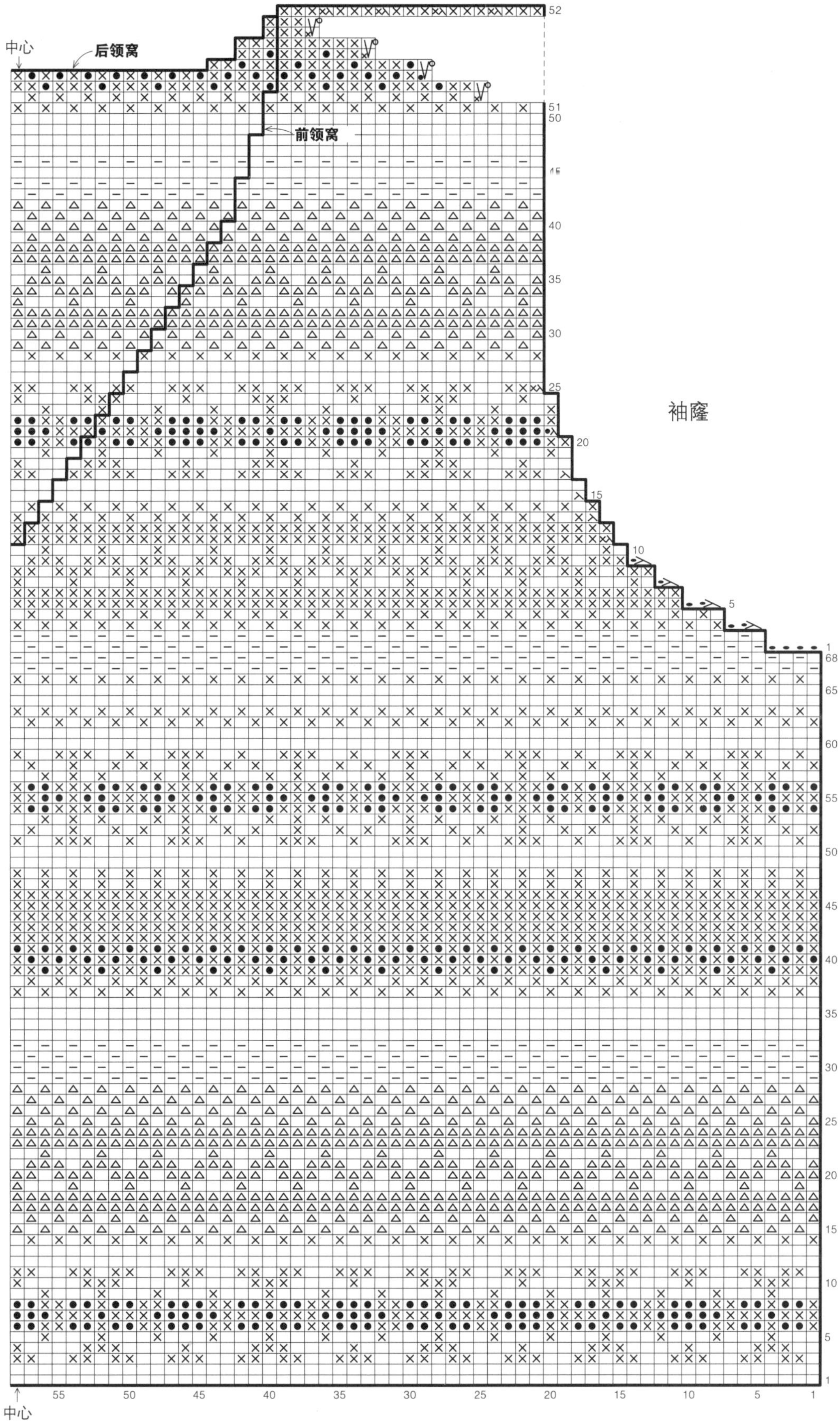

中心
后领窝
前领窝
袖窿
中心

13

page 18

●**材料** MULTICO（中粗）蓝色系段染线（572）430g/11 团，QUEEN ANNY（中粗）原色（880）30g/1 团；直径 3.5cm 的纽扣 1 颗

●**工具** 棒针 9 号，钩针 6/0 号

●**成品尺寸** 胸围 93.5cm，肩背宽 46.5cm，衣长 57cm，袖长 56.5cm

●**密度** 10cm × 10cm 面积内：编织下针 20 针，24 行；配色花样 22.5 针，22 行；编织花样 A 22 针，26 行

■**编织要点** **后身片** 另线锁针起针，编织下针。衣领编织单罗纹针，肩部往返编织，休针。衣领编织单罗纹针收针。下摆编织花样 A，伏针收针。**前身片** 育克，起折边的 171 针，在育克中央编织配色花样（配色花样使用横向渡线的编织方法进行编织），相同标记处对齐钉缝。**袖** 与身片使用同样的方法起针，编织配色花样和下针，袖下在侧边 1 针内侧编织扭针加针，袖山最后的针目伏针收针。**组合** 肩部盖针钉缝，胁、袖下挑针接缝（育克的位置针与行对齐钉缝）。向内侧折边，缝合在肩部、育克、下摆上。袖与后身片引拔接缝，与前育克下针钉缝。在右前身片上编织扣襻，在左前身片上缝上纽扣。

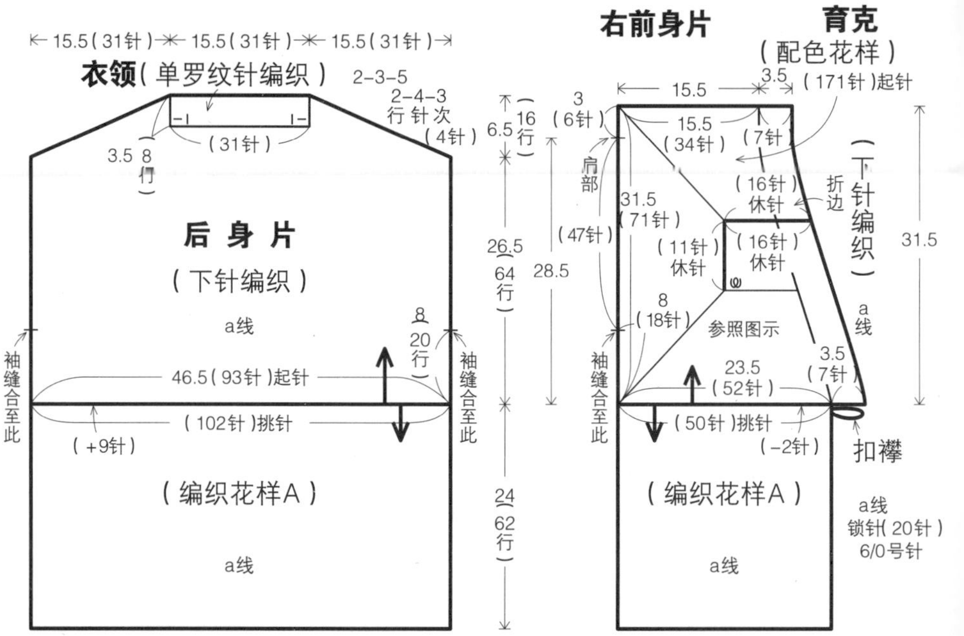

※除指定之外均使用9号针

※左前身片与右前身片左右对称编织

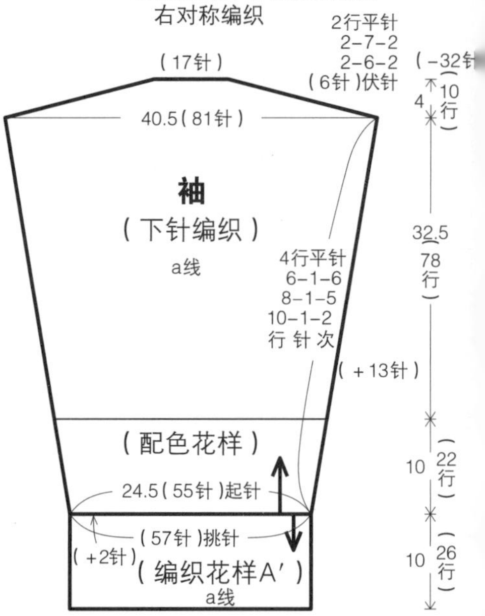

编织花样A'（袖）

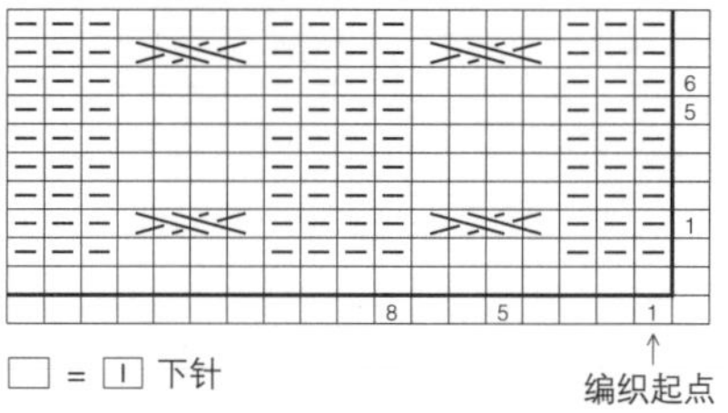

编织花样A（身片）

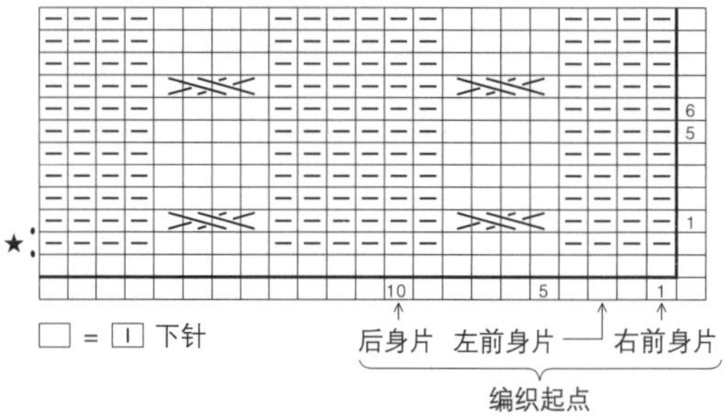

袖的加针、配色花样

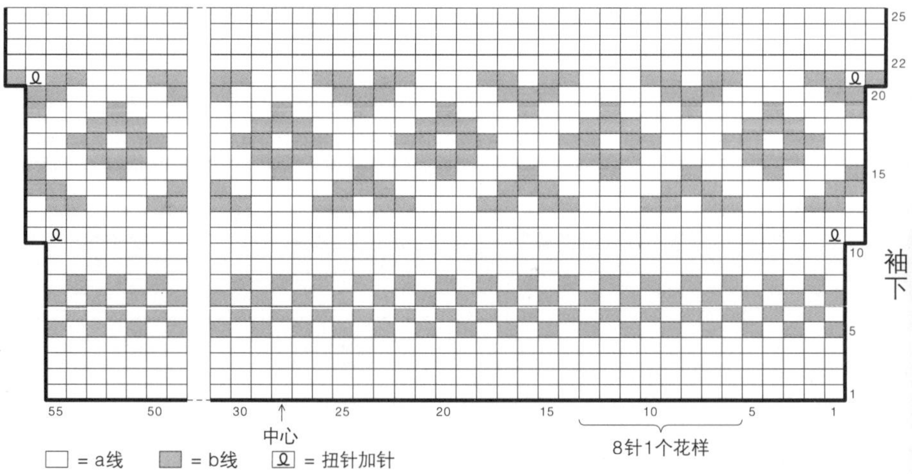

扣襻

6/0号针

◁ = 加线

◀ = 剪线

右育克的编织方法示意图

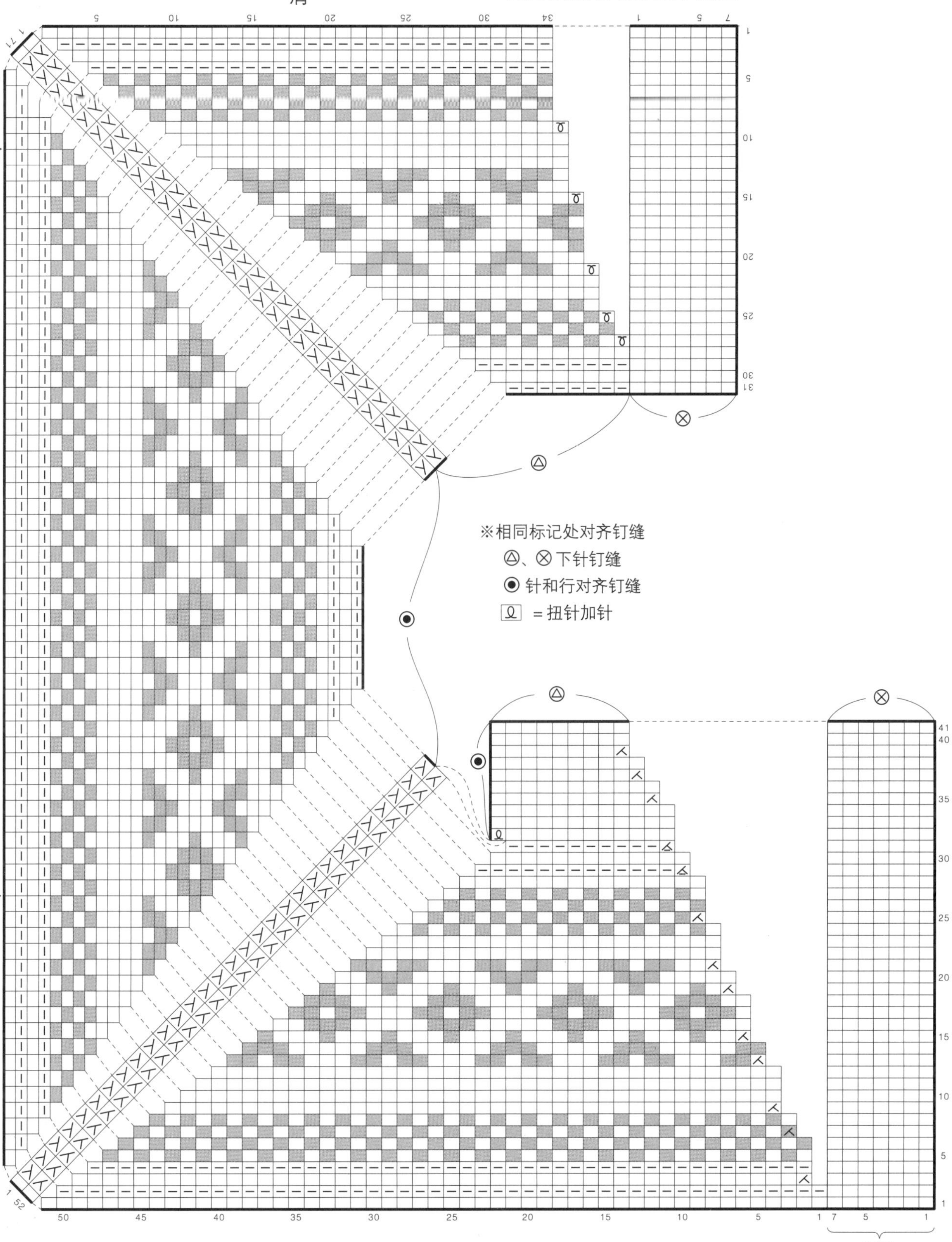

※相同标记处对齐钉缝

⊿、⊗ 下针钉缝

⊙ 针和行对齐钉缝

ℓ = 扭针加针

□ = 丨 下针　□ = a线　■ = b线

a线 = 蓝色系段染线　b线 = 原色

●**材料** VICENZD（中粗）粉色、褐色系渐变（311）300g/8 团，MOHAIR MULTI（粗）黄绿色、浅橘黄色系（3455）90g/2 团

●**工具** 棒针 7 号

●**成品尺寸** 胸围 109cm，肩背宽 46cm，衣长 60cm，袖长 48cm

●**密度** 10cm×10cm 面积内：编织下针条纹花样 17 针，25 行

■**编织要点** **后身片** 另线锁针起针，从肩一侧开始编织下针条纹花样。袖窿立起侧边 2 针编织右加针、左加针、卷针加针，胁在侧边 2 针内侧编织扭针加针，最后的针目伏针收针。**前身片** 与后身片使用同样的方法起针，从衣领一侧开始与前门襟一起编织。编织终点的单罗纹针、下针编织均伏针收针。**袖** 手指挂线起针，从袖口开始编织下针条纹花样。袖下在侧边 1 针内侧编织扭针加针，袖山伏针，并立起侧边 1 针减针，最后的针目伏针收针。**组合** 左右衣领以下针钉缝连接，针与行对齐钉缝在后身片上。胁、袖下挑针接缝。袖引拔钉缝在身片上。

14

page 20

※相同标记处针与行对齐钉缝

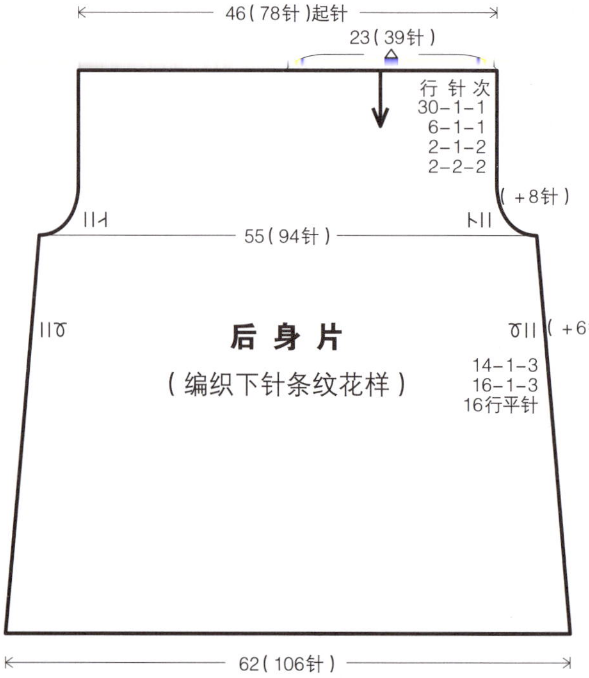

※全部使用7号针

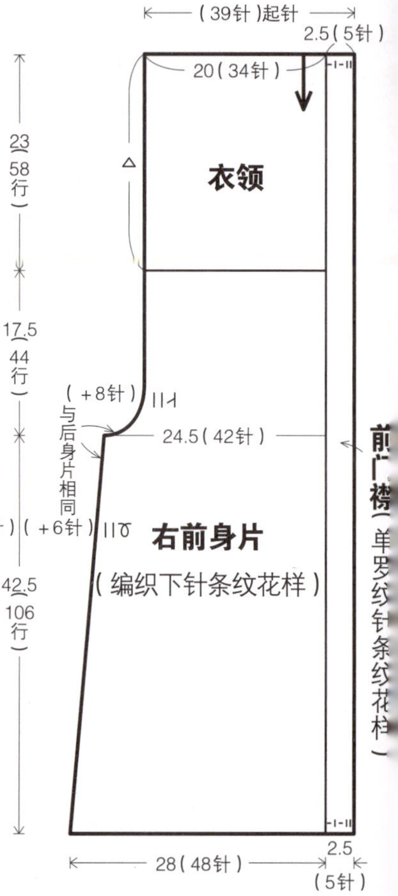

※左前身片与右前身片左右对称编织

右加针

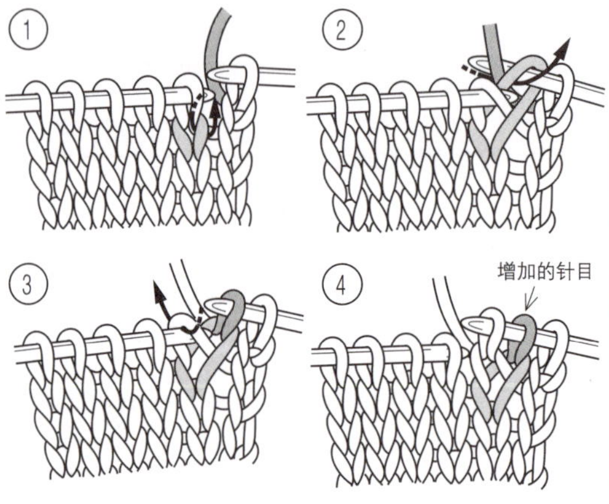

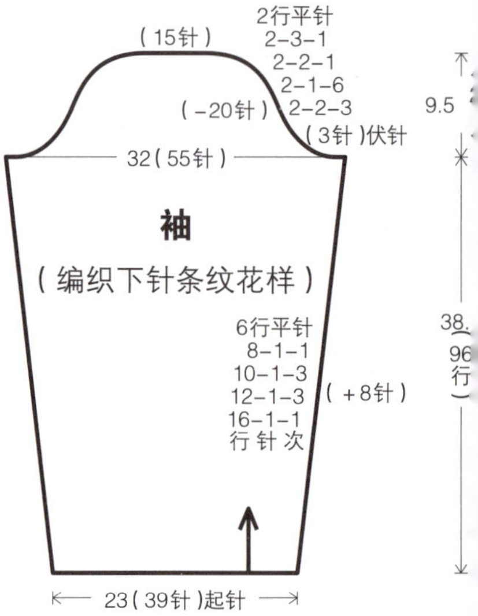

左加针

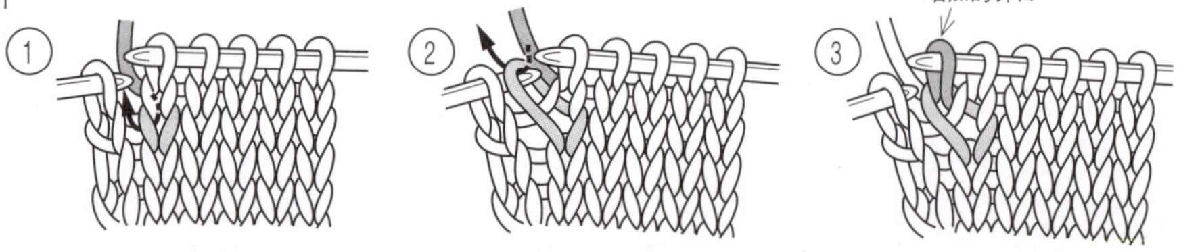

袖窿、肋的加针编织方法示意图（后身片）

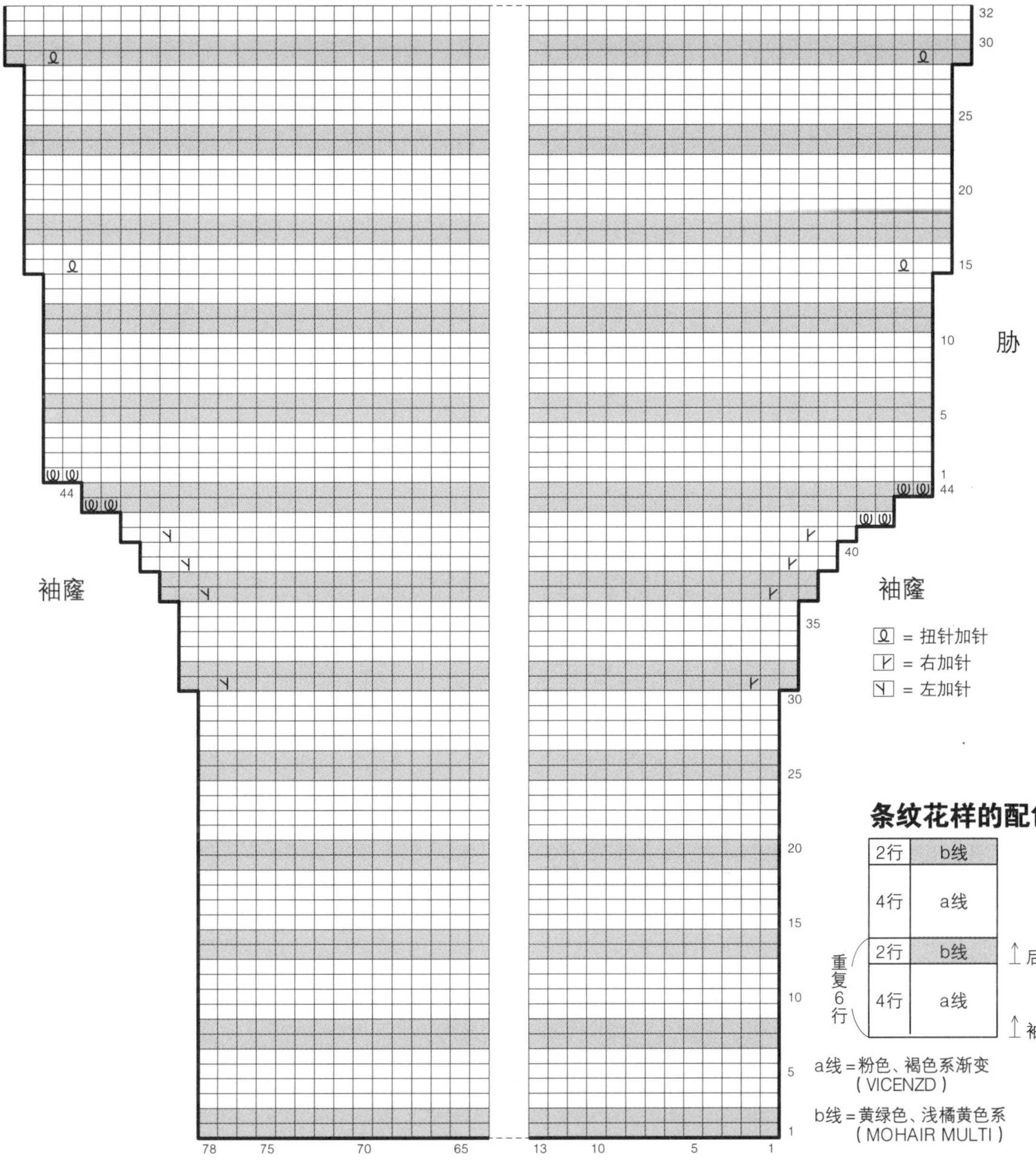

条纹花样的配色

2行	b线
4行	a线
2行	b线
4行	a线

重复6行

↑后身片

↑袖、衣领

a线＝粉色、褐色系渐变（VICENZD）

b线＝黄绿色、浅橘黄色系（MOHAIR MULTI）

左卷加针

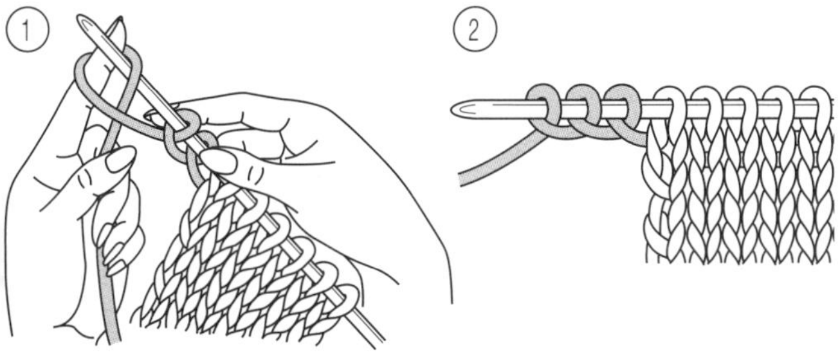

①如图所示，将针插入挂针左手食指上的线圈中，将手指拿开。

②重复步骤①，这是完成了3针卷加针时的样子。

右卷加针

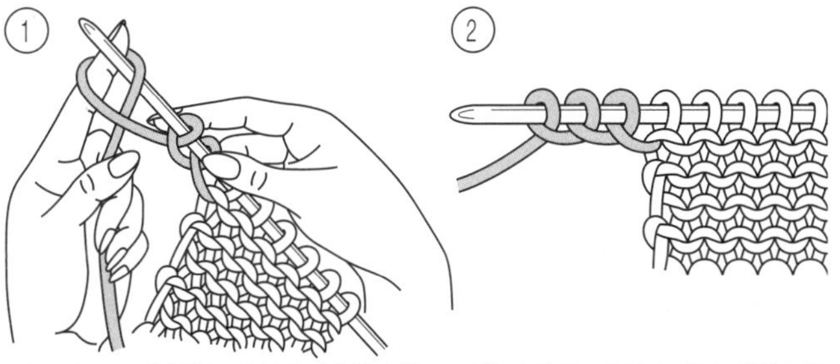

①如图所示，将针插入挂针左手食指上的线圈中，将手指拿开。

②重复步骤①，这是完成了3针卷加针时的样子。

15

page 22

●**材料** PRINCESS ANNY（粗）金黄色（541）400g/10 团，直径 1.3cm 的纽扣 8 颗

●**工具** 棒针 6 号、5 号

●**成品尺寸** 胸围 91.5cm，肩背宽 32cm，衣长 54.5cm，袖长 55cm

●**密度** 10cm × 10cm 面积内：编织花样 27 针，32 行

■**编织要点 前后身片** 另线锁针起针，编织花样。袖窿、领窝伏针，并立起侧边 1 针减针，肩部往返编织，休针。下摆从起针针目上挑针，编织 2 行平针后，再编织双罗纹针，将上下针目对齐伏针收针。**袖** 参照图示编织。**组合** 肩部引拔钉缝，胁、袖下挑针接缝。按照前门襟、衣领的顺序编织，在编织右前门襟时要同时开扣眼。编织终点伏针收针。袖引拔钉缝在身片上。在左前门襟上对应位置缝上纽扣。

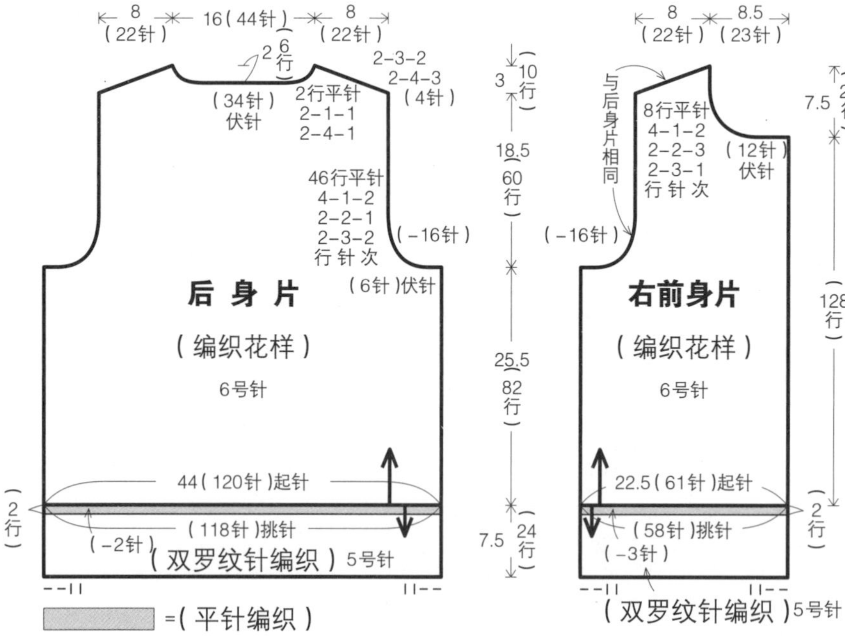

※左前身片与右前身片左右对称编织

衣领（双罗纹针编织）

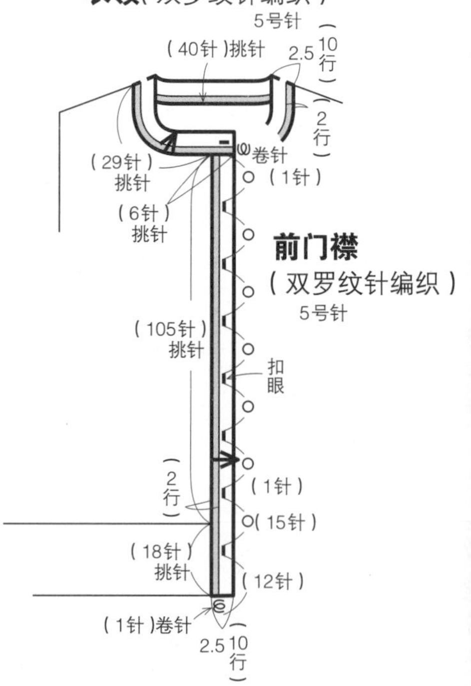

扣眼（右前门襟）

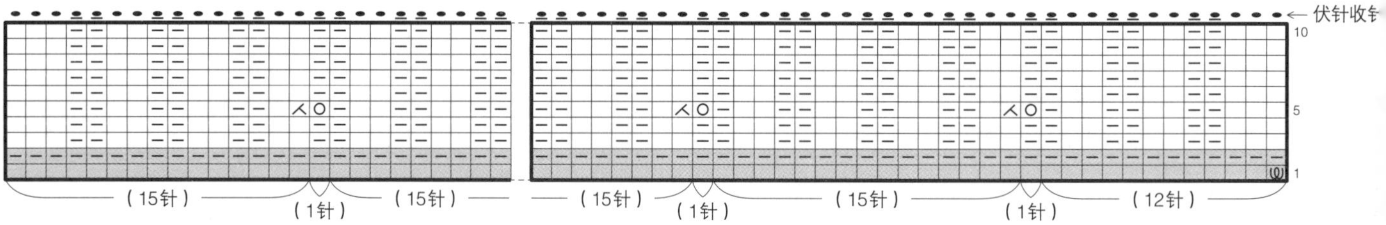

□ = 丨 下针　● = 下针的伏针收针　⊖ = 上针的伏针收针

扣眼（右前衣领）

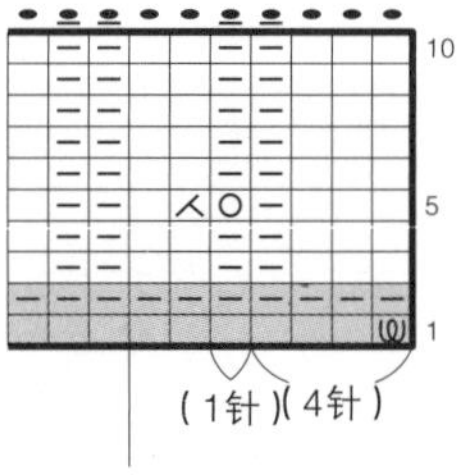

另线锁针起针

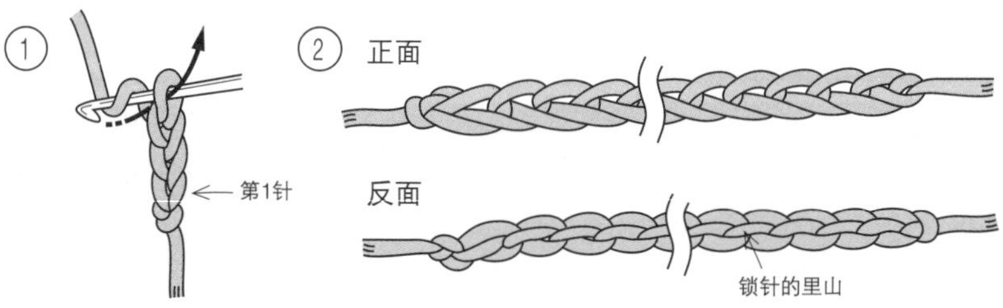

右前身片的编织方法示意图

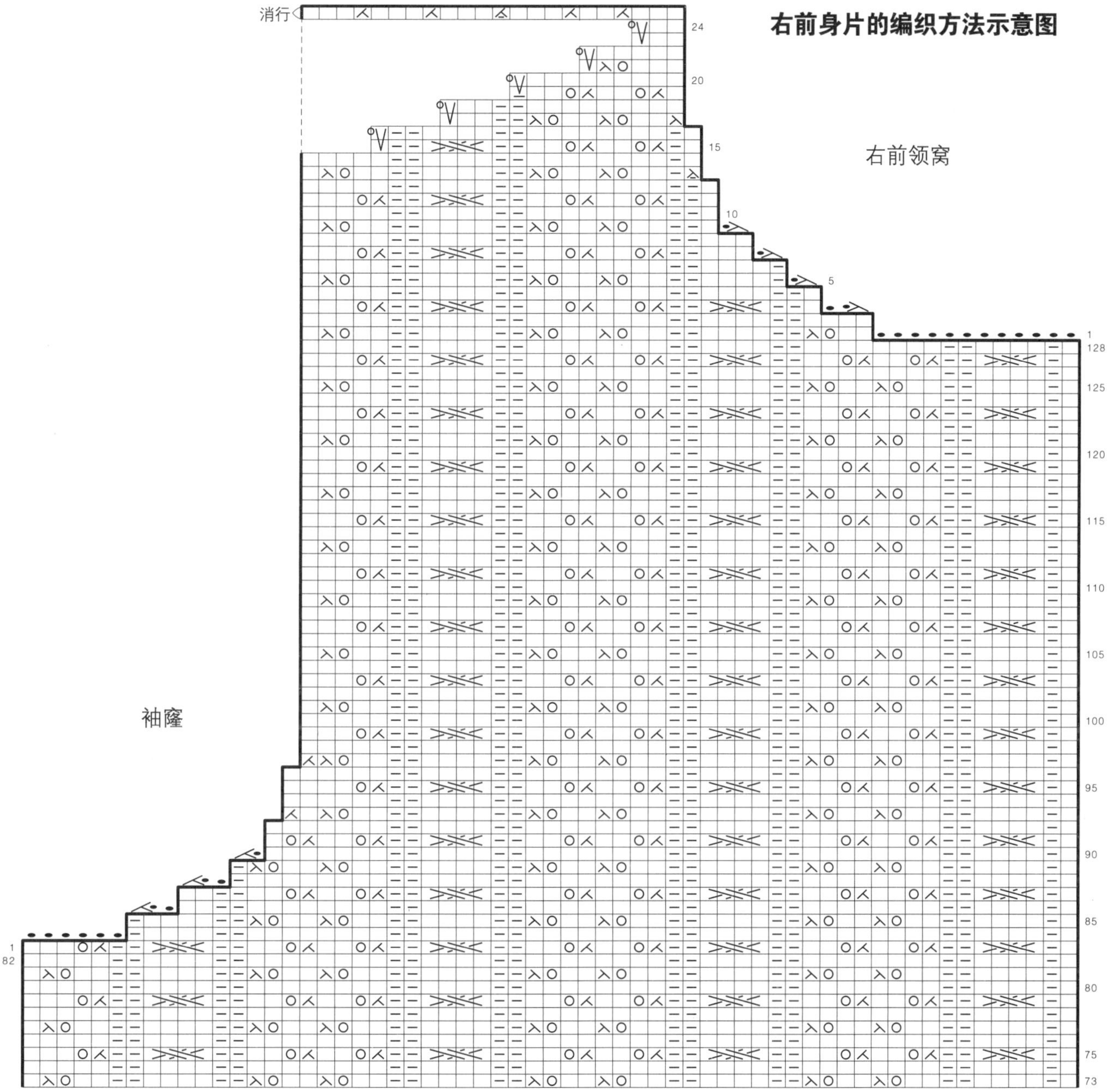

编织花样

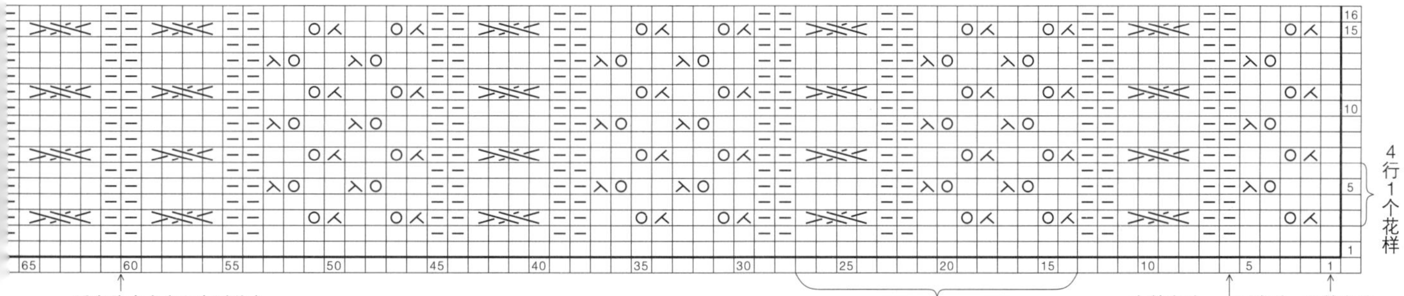

= ▢ 下针

★接下一页

袖的编织方法示意图

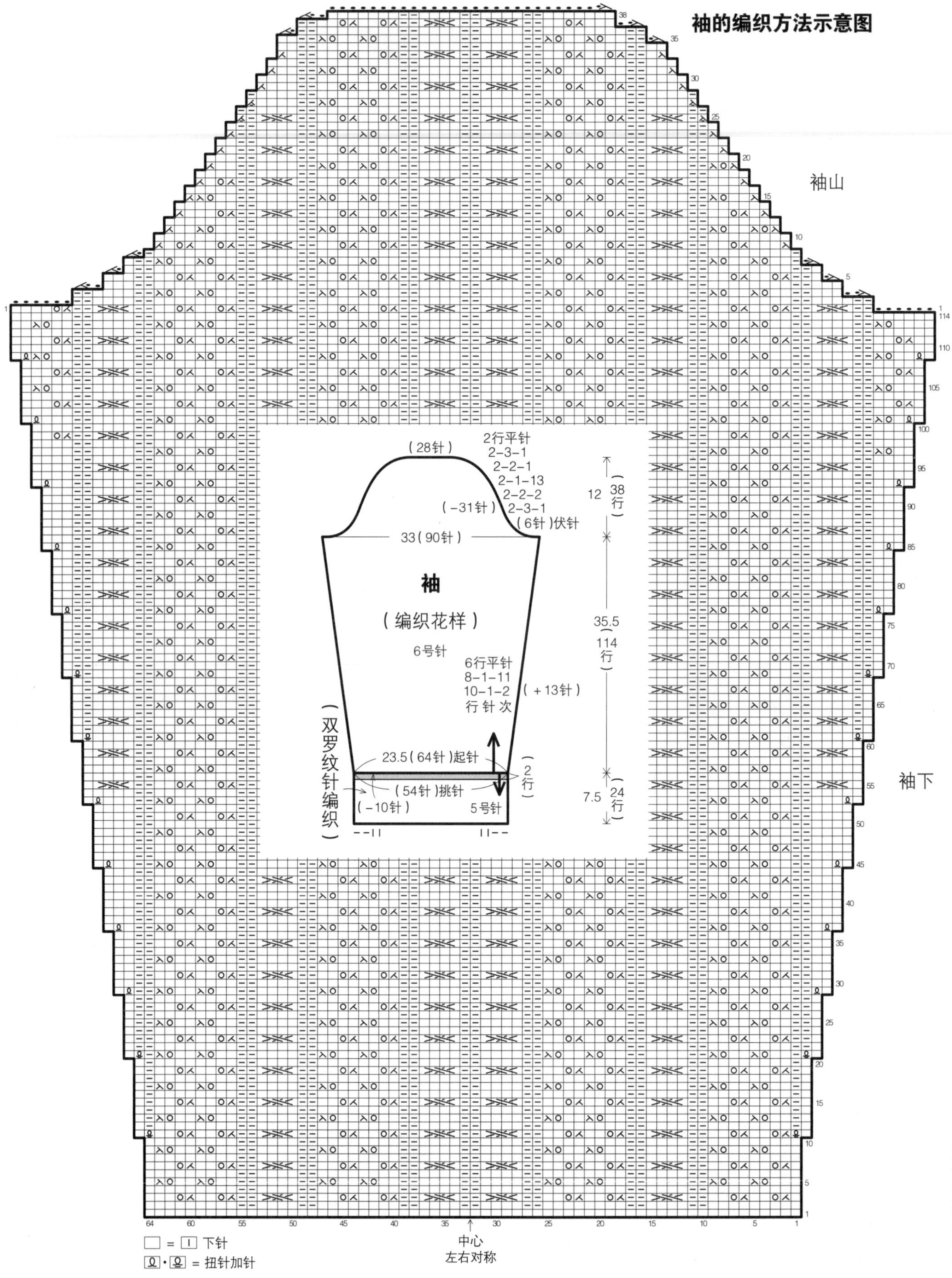
袖山
袖下
(28针)
2行平针
2-3-1
2-2-1
2-1-13
2-2-2
(-31针)
2-3-1
(6针)伏针
12
(38行)
33(90针)
袖
(编织花样)
6号针
35.5
(114行)
6行平针
8-1-11
10-1-2
行 针 次
(+13针)
(双罗纹针编织)
23.5(64针)起针
(2行)
(54针)挑针
(-10针)
5号针
7.5
(24行)
中心
左右对称
□ = [I] 下针
[Q]·[Q] = 扭针加针

16

page 23

●材料 BRITISH EROIKA（极粗）米灰色（187）480g/10团，直径2.5cm的纽扣4颗

●工具 棒针8号，钩针6/0号

●成品尺寸 胸围92cm，肩背宽32cm，衣长52cm，袖长52.5cm

●密度 10cm×10cm面积内：编织桂花针17针，23行；编织花样B19.5针，23行；编织花样C18针，23行

■编织要点 **后身片** 手指挂线起针，编织上针，接着按照图示编织桂花针和花样A、B、C，并同时加减针。肩部的针目休针。**前身片** 按照图示，一边在右前身片开扣眼，一边编织。**袖** 与身片使用同样的方法起针，袖下在侧边1针内侧编织扭针加针，袖山最后的针目伏针收针。**组合** 肩部引拔钉缝，胁、袖下挑针接缝。衣领编织上针，伏针收针。袖引拔钉缝在身片上。

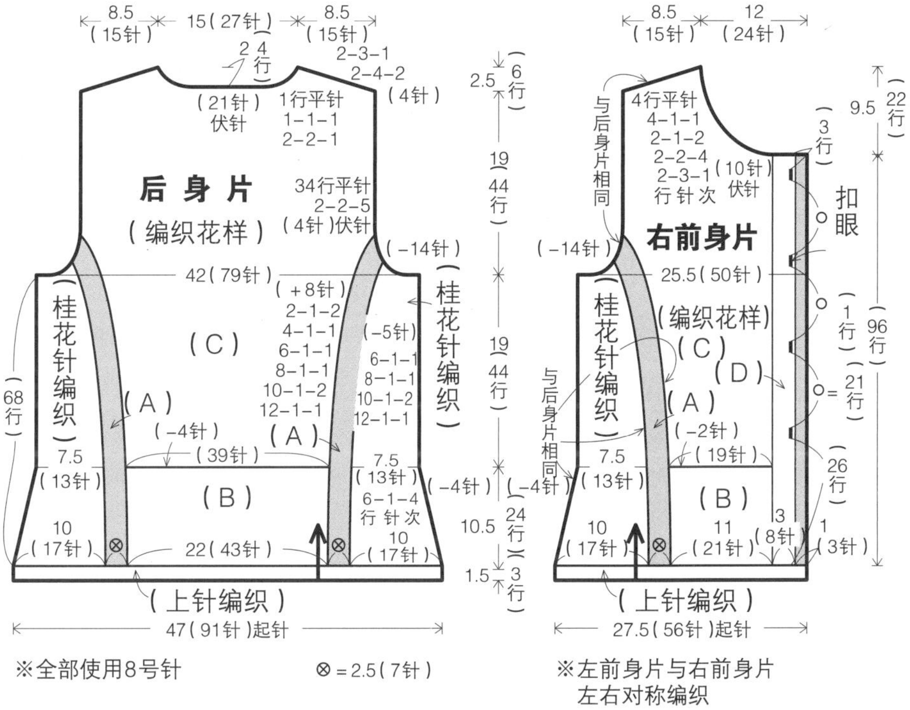

※全部使用8号针　　⊗=2.5（7针）

※左前身片与右前身片左右对称编织

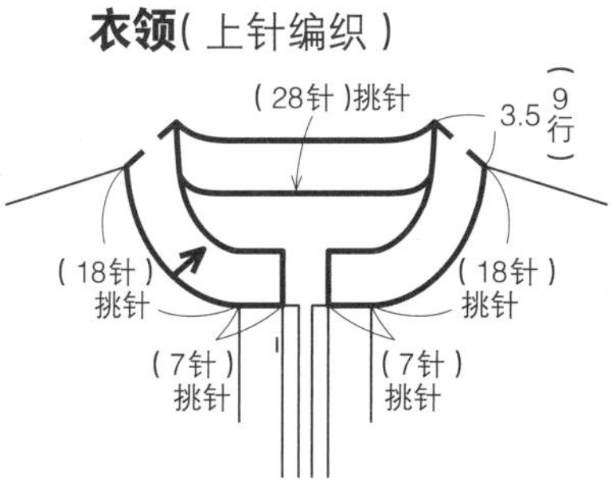

袖的编织方法示意图

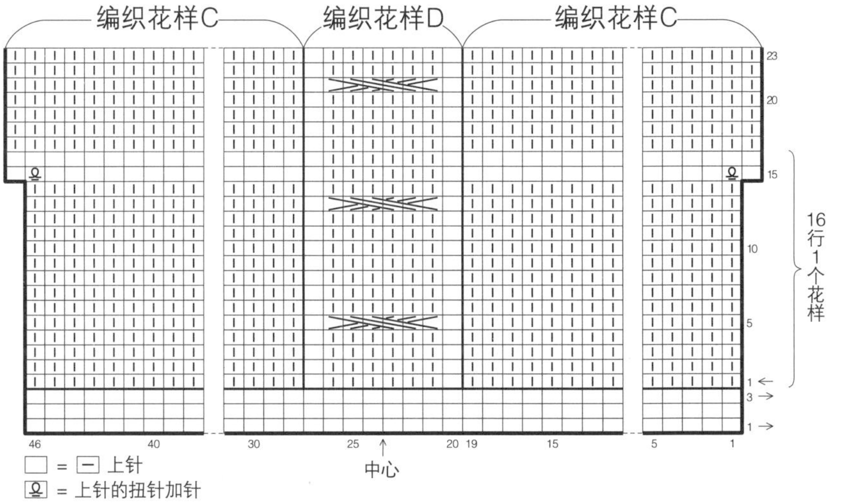

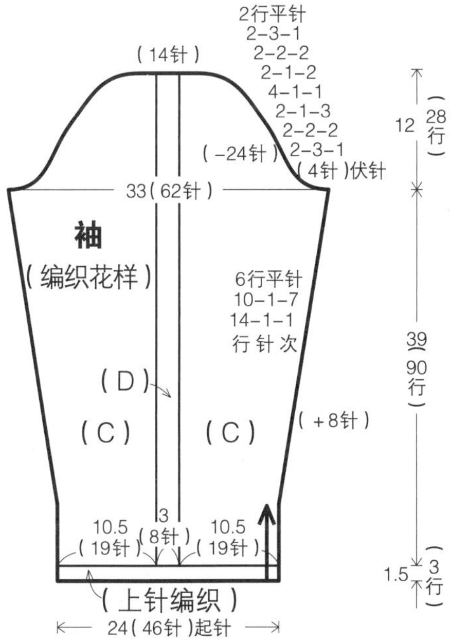

★接下一页

后身片的编织方法示意图

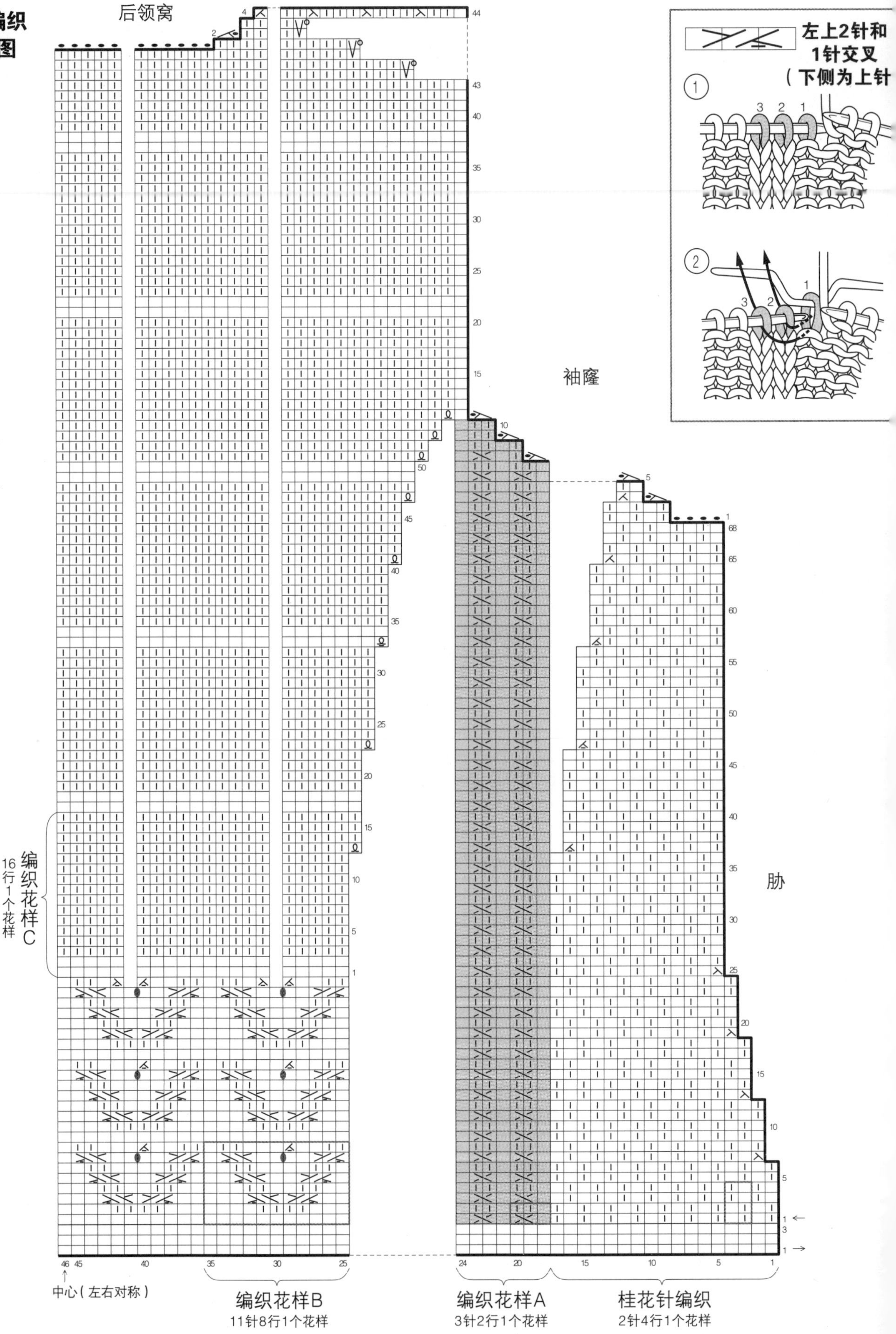

右前身片的编织方法示意图

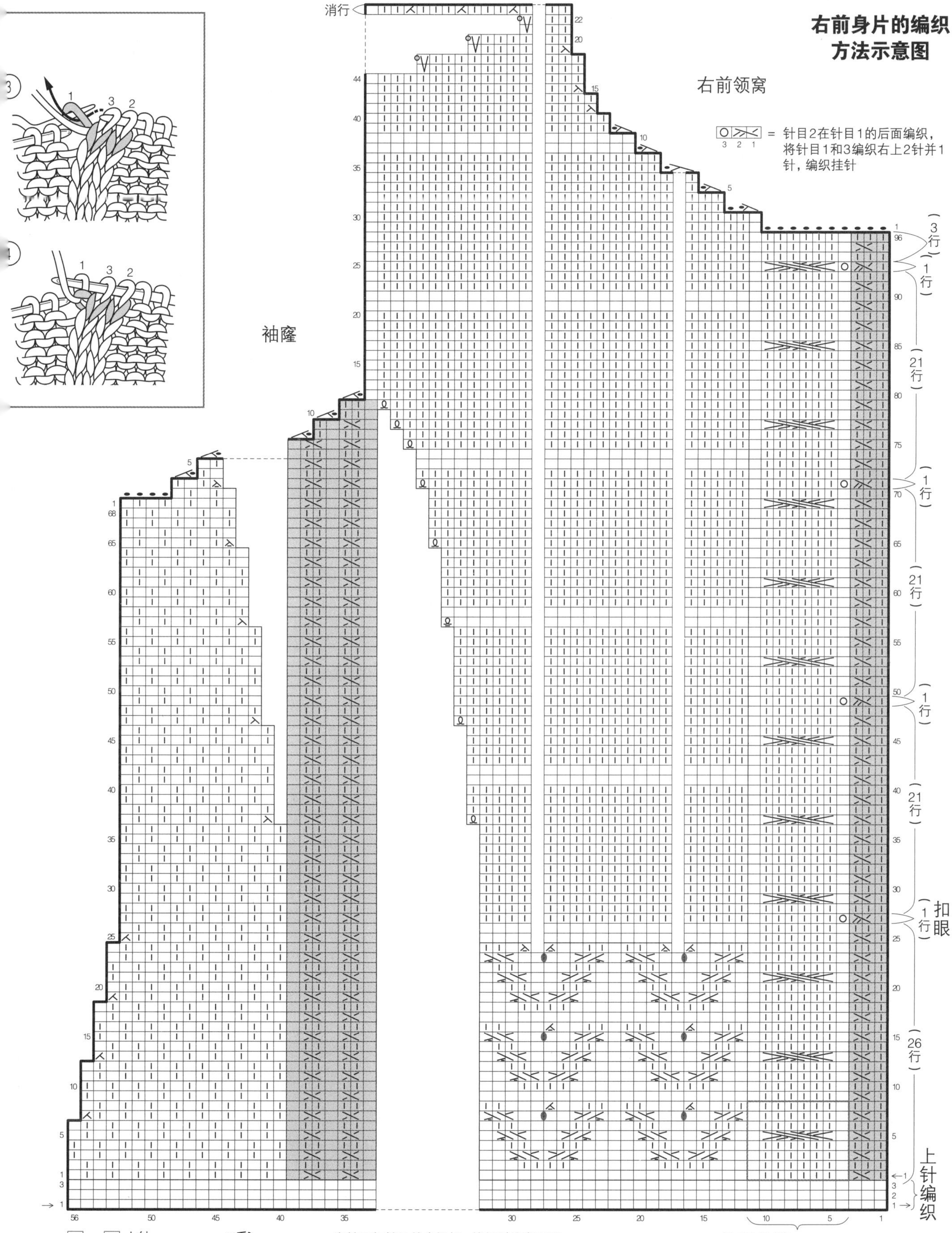

□ = ⊟ 上针

Q = 扭针加针

● = (6/0号针) 在针目与针目的中间扭，编织时注意不要留出洞洞，在下一行织2针并1针

17

page 24

●**材料** QUEEN ANNY（中粗）灰色（832）430g/9 团，KID MOHAIR FINE（极细）浅蓝色（55）、黄色（51）、浅粉红色（44）各 25g/ 各 1 团；直径 1.8cm 的纽扣 5 颗

●**工具** 棒针 8 号

●**成品尺寸** 胸围 87cm，肩背宽 34cm，衣长 57.5cm，袖长 52.5cm

●**密度** 10cm×10cm 面积内：编织花样 18 针，24 行

■**编织要点** **前后身片** 另线锁针起针，编织花样。袖窿、领窝伏针，并立起侧边 1 针减针，肩部往返编织，休针。下摆的单罗纹针从起针针目上挑针，将上下针目对齐伏针收针。**袖** 与身片使用同样的方法起针，袖下编织扭针加针，袖山最后的针目伏针收针。**组合** 肩部盖针钉缝，胁、袖下挑针接缝。编织衣领、前襟。袖引拔钉缝在身片上。

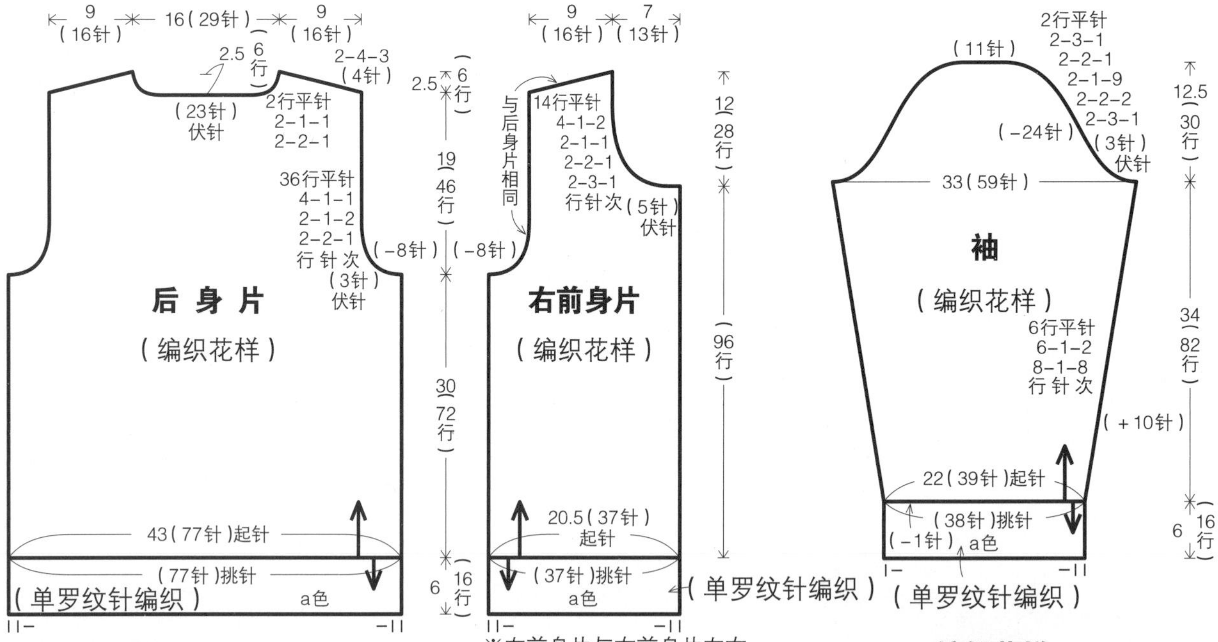

※全部使用8号针

※左前身片与右前身片左右对称编织

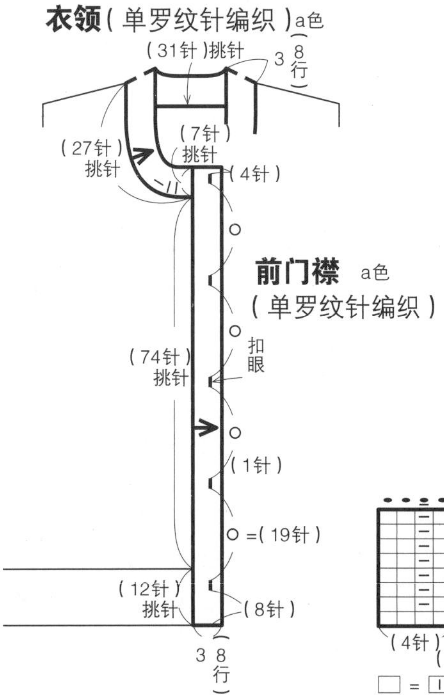

● = a色×b色
△ = a色×c色
◎ = a色×d色
两个颜色各取1股，2股并在一起编织

a 色 = 灰色
b 色 = 浅蓝色
c 色 = 黄色
d 色 = 浅粉红色

编织花样

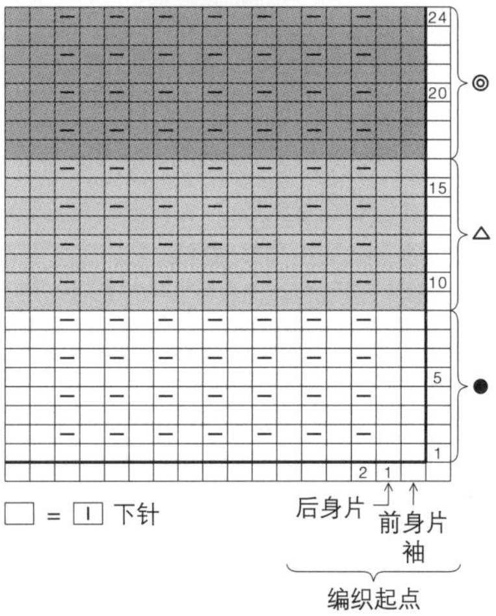

扣眼（右前门襟）

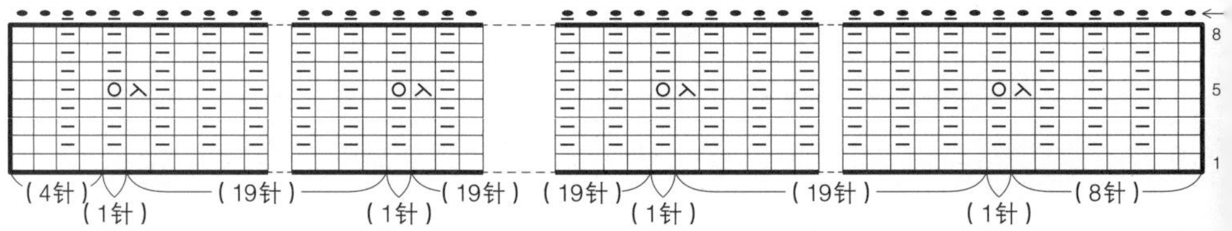

□ = Ⅰ 下针　● = 下针的伏针收针　● = 上针的伏针收针

21

page 29

●材料 KID MOHAIR FINE（极细）浅茶色（8）、浅褐色（54）、灰色（15）、橄榄色（52）、茶色（9）各60g/各3团，直径2.5cm的纽扣5颗

●工具 棒针11号

●成品尺寸 胸围96cm，衣长56cm，袖长72.5cm

●密度 10cm×10cm面积内：编织下针14.5针，17行

■编织要点 **后身片** 另线锁针起针，编织下针。插肩线参照图示立起侧边1针减针，最后的针目伏针收针。下摆拆开起针的锁针挑针，编织单罗纹针，并编织单罗纹针收针。**前身片** 领窝伏针，并立起侧边1针减针。**袖** 与身片使用同样的方法起针，袖下在侧边1针内侧编织扭针加针，最后的针目伏针收针。**组合** 插肩线、胁、袖下挑针接缝，腋下下针钉缝。前襟、衣领编织单罗纹针，并编织单罗纹针收针。

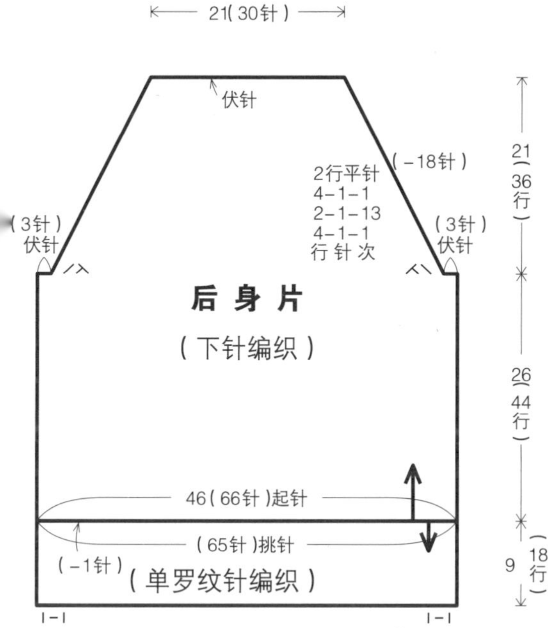

※全部使用11号针

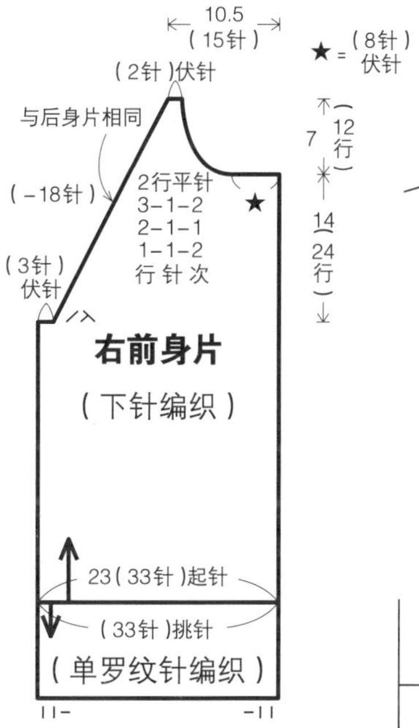

※左前身片与右前身片左右对称编织

使用浅茶色、浅褐色、灰色、橄榄色、茶色线每样1股，共5股，并在一起编织

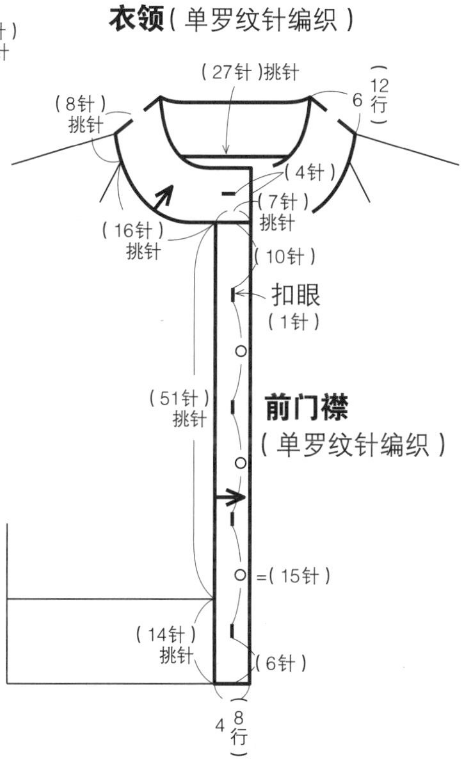

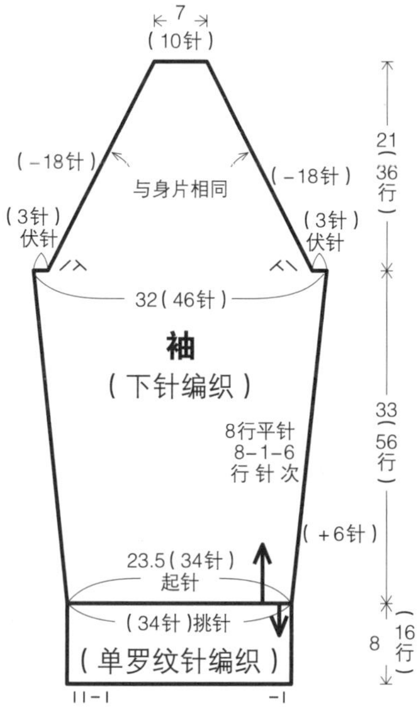

扣眼（右衣领）

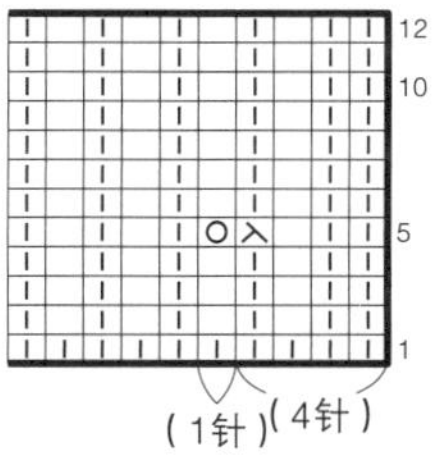

扣眼（右前门襟）

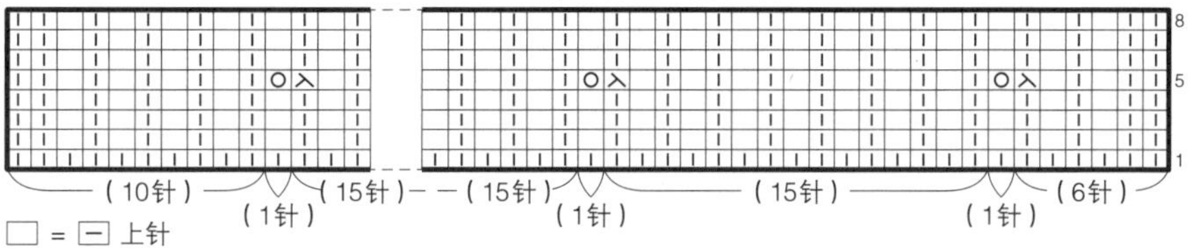

□ = ⊟ 上针

18

page 25

● **材 料** LECCE（中细）绿色、茶色、蓝色系木纹（403）280g/7团，直径1.8cm的纽扣5颗

●**工具** 棒针5号

●**成品尺寸** 胸围92cm，肩背宽35cm，衣长52cm，袖长52.5cm

● **密度** 10cm×10cm面积内：编织花样24针，30行

■**编织要点** **后身片** 手指挂线起针，编织双罗纹针和花样。袖窿伏针，并立起侧边1针减针。**前身片** 与后身片使用同样的方法起针，使用双罗纹针编织前门襟的同时，在右前襟开扣眼。领窝伏针，并立起侧边1针减针。**袖** 在袖山中央编织麻花针，在袖下侧边1针内侧编织右加针和左加针，接着袖山继续使用麻花针编织肩部。**组合** 胁、袖下挑针接缝。袖引拔钉缝在身片上，肩部针与行对齐钉缝在前后身片上。衣领编织双罗纹针，将上下针目对齐伏针收针。

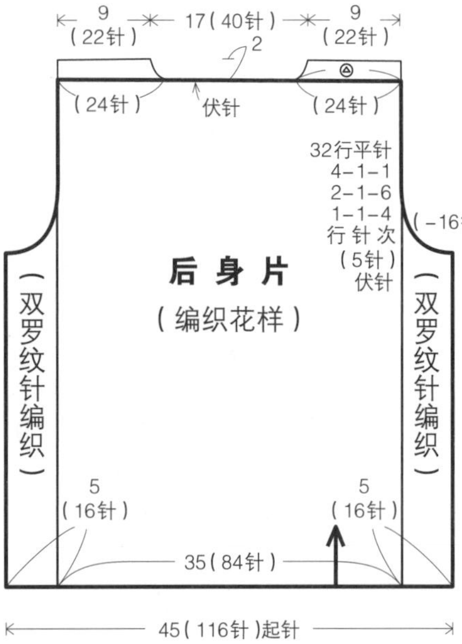

※全部使用5号针

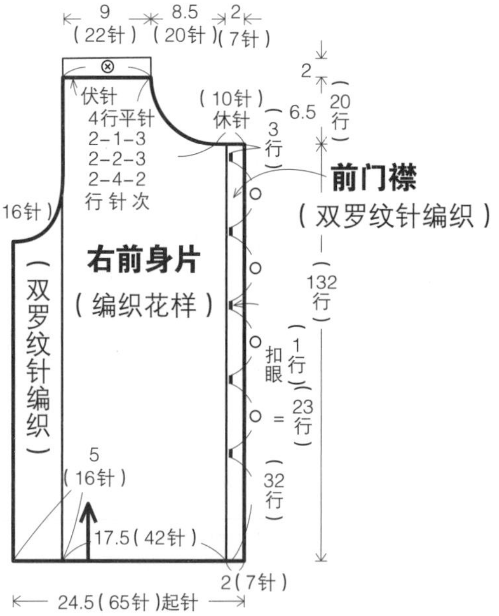

※左前身片与右前身片左右对称编织

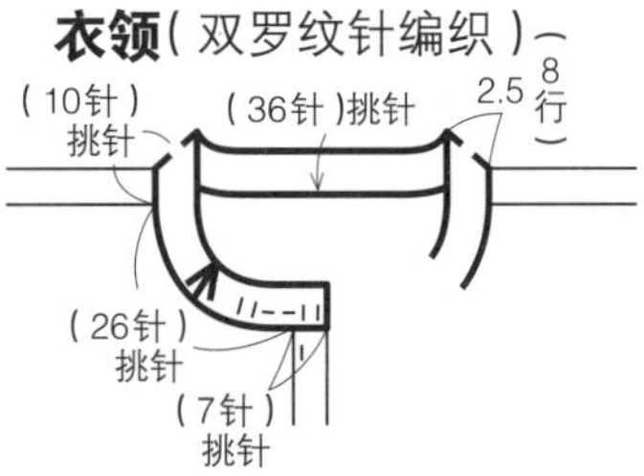

右前身片

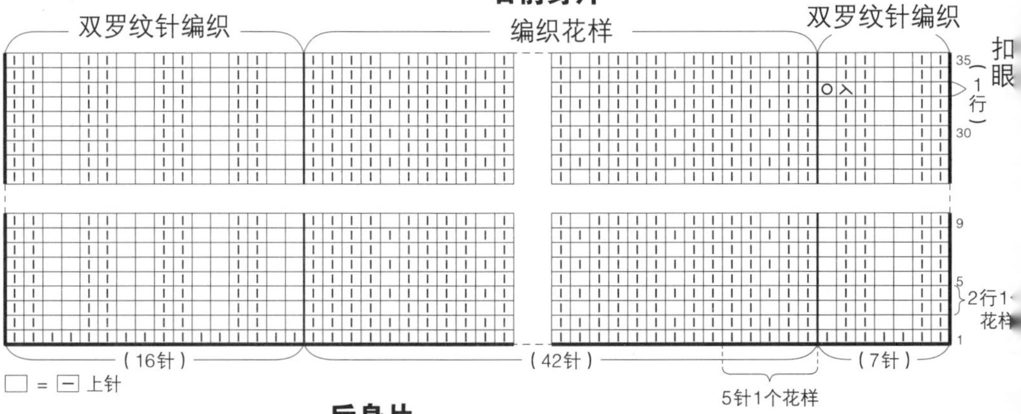

后身片

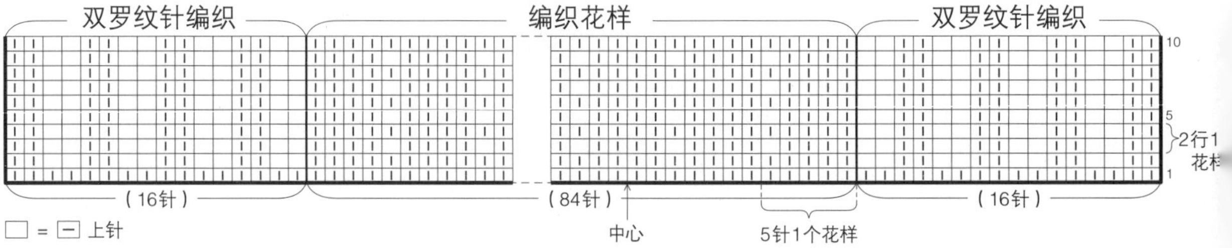

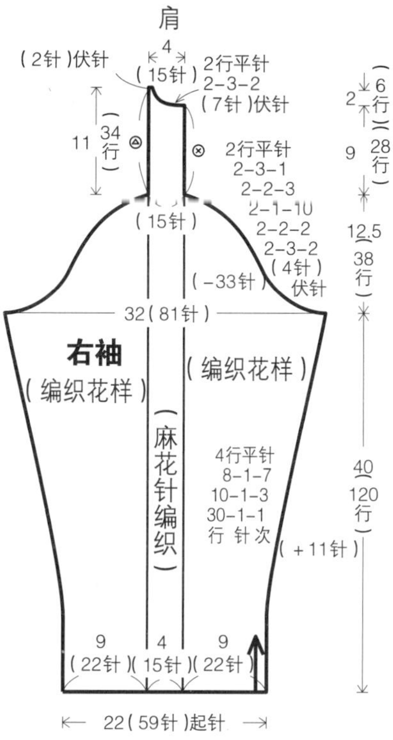

※左袖与右袖左右对称编织

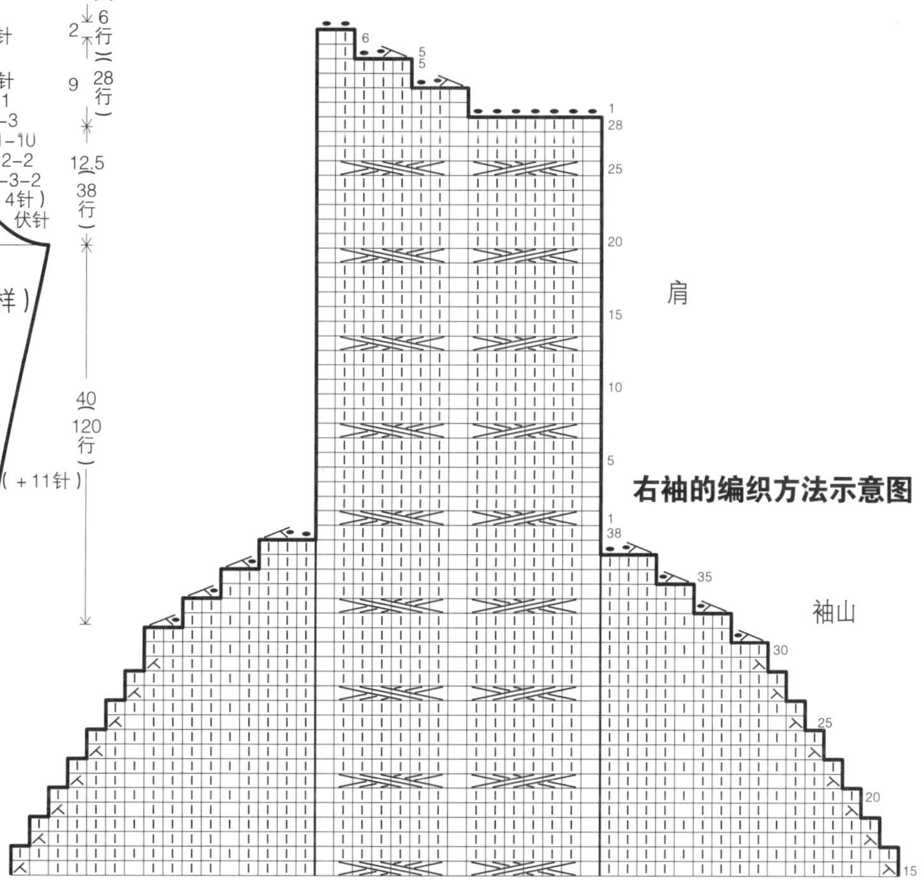

右袖的编织方法示意图

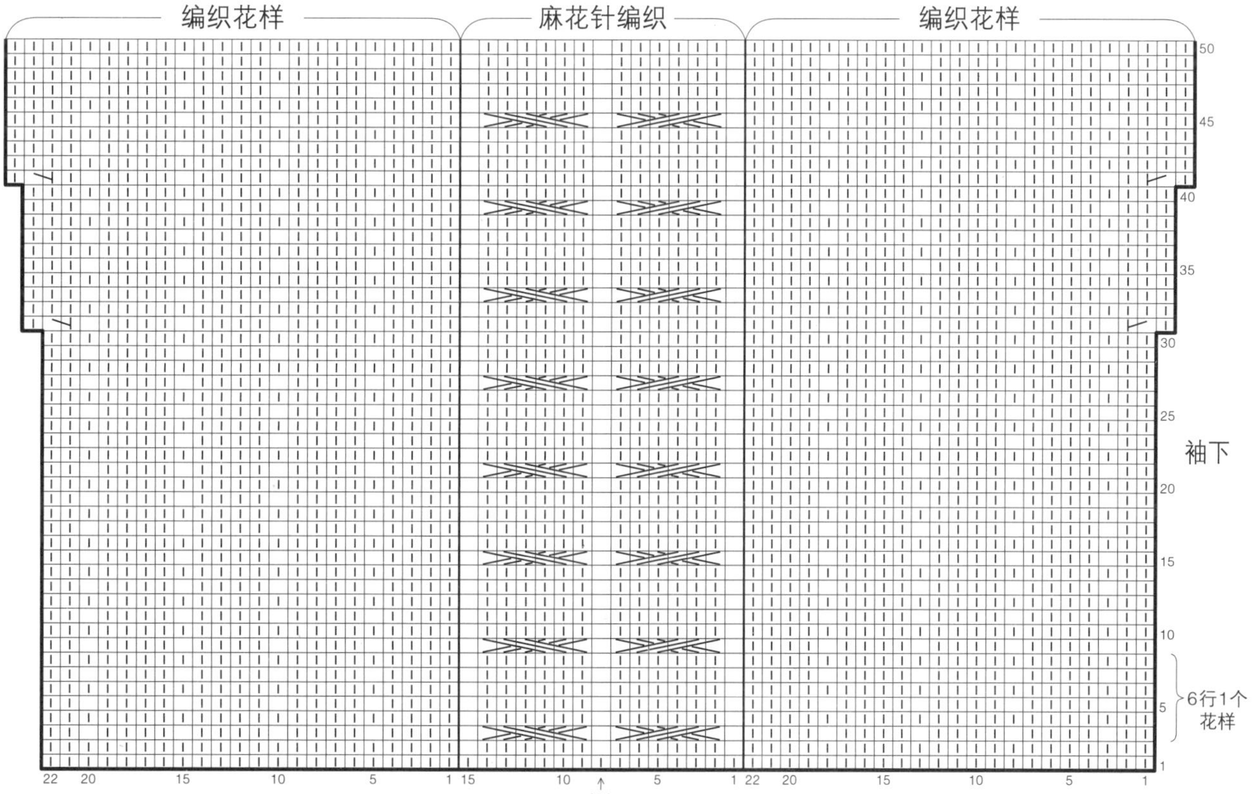

□ = ⊟ 上针

19

page 26

●**材料** CLASSICO（中粗）米色（202）480g/10 团，7cm 长的别针 1 个

●**工具** 棒针 7 号

●**成品尺寸** 胸围 101.5cm，衣长 46.5cm，袖长 68cm

●**密度** 10cm×10cm 面积内：编织花样 A20 针，28 行

■**编织要点** **后身片** 手指挂线起针，编织平针和花样 A。插肩线立起侧边 1 针减针，最后的针目伏针收针。**前身片** 前门襟组合编织花样 C、B、A，在领窝处，前门襟的针目休针，伏针收针，并立起侧边 1 针减针。**袖** 参照图示在编织花样 B 的第 32 行减针。**组合** 胁、袖下、插肩线挑针接缝，腋下下针钉缝。衣领从前门襟和领窝挑取针目，编织花样 C，注意此时要与前门襟的花样 C 连续编织。编织终点将上下针目对齐伏针收针。

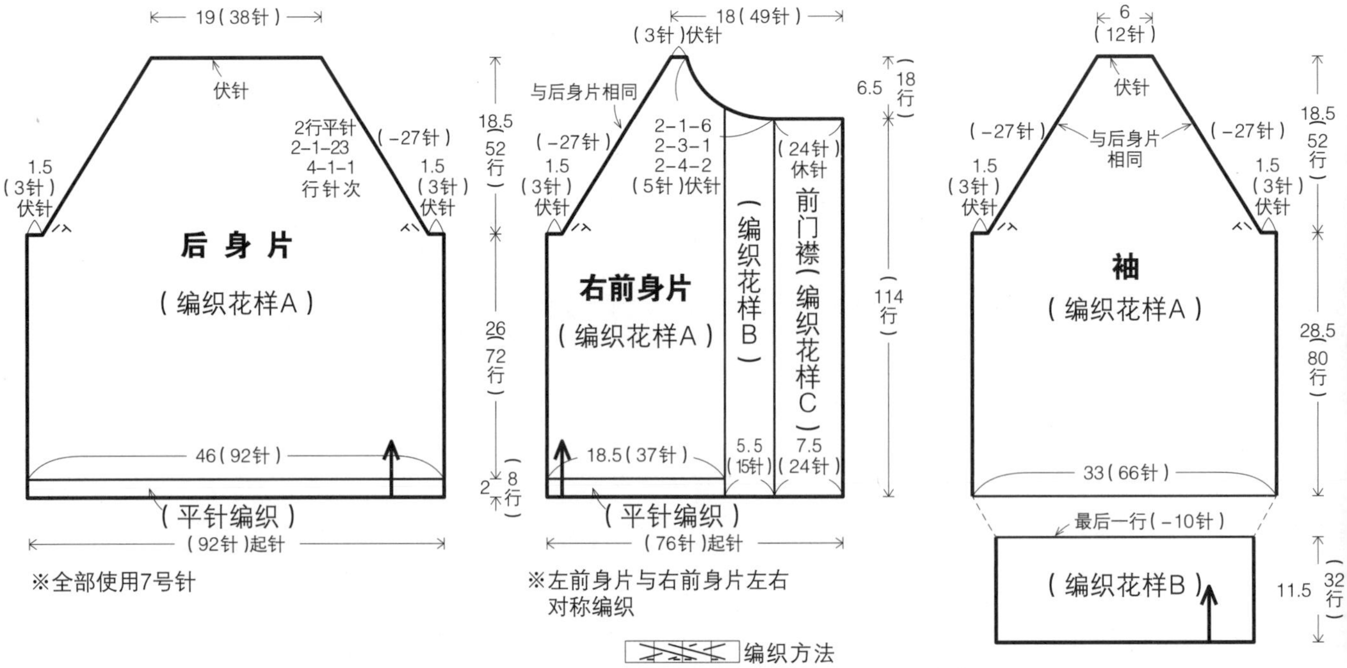

※全部使用7号针

※左前身片与右前身片左右对称编织

编织方法
由于是看着反面编织，所以实际上编织的是下针的右上2针交叉

右前身片的编织方法示意图

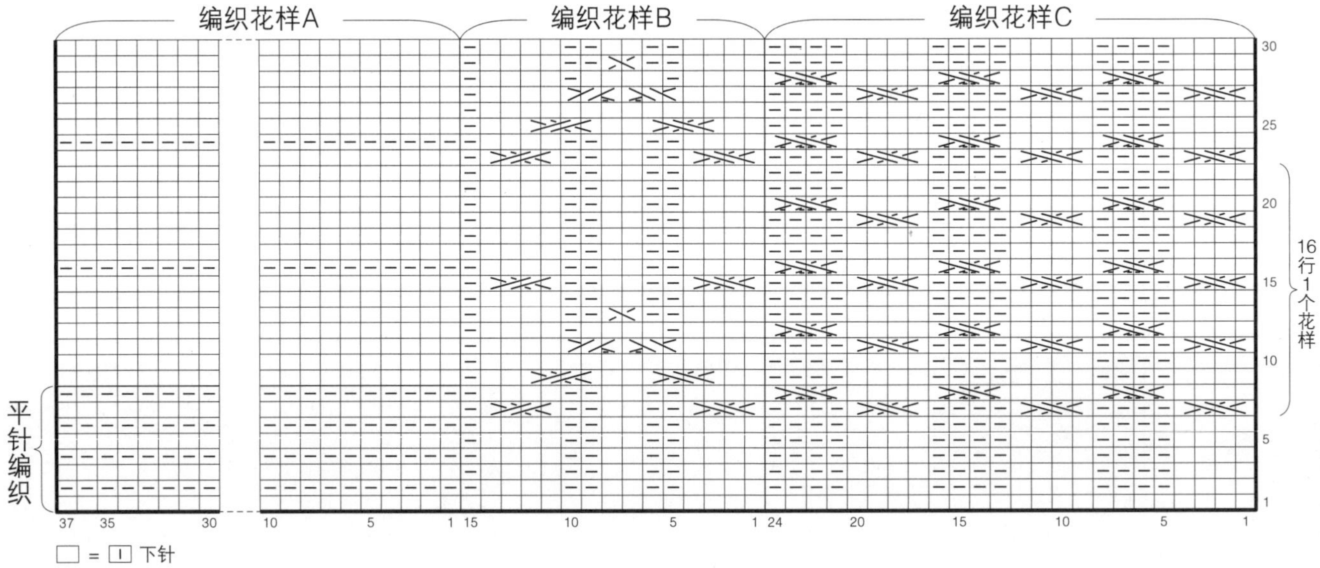

□ = ▯ 下针

衣领(编织花样C)

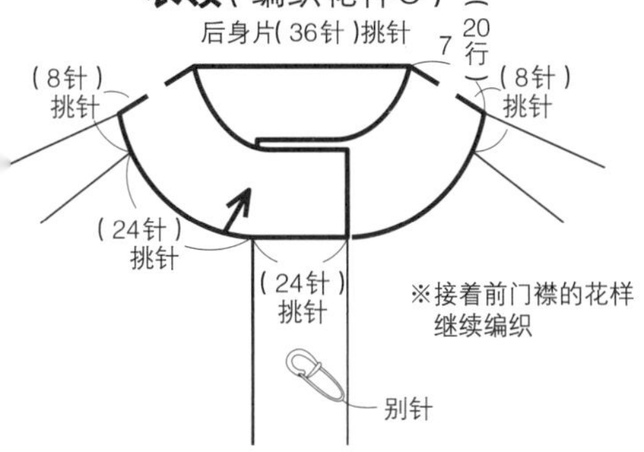

挑针接缝

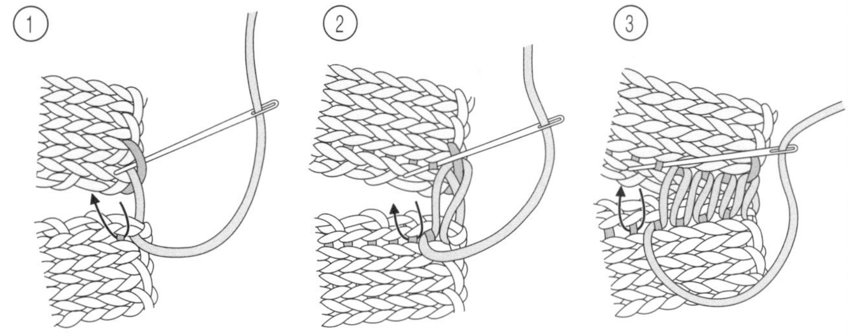

左前身片的编织方法示意图

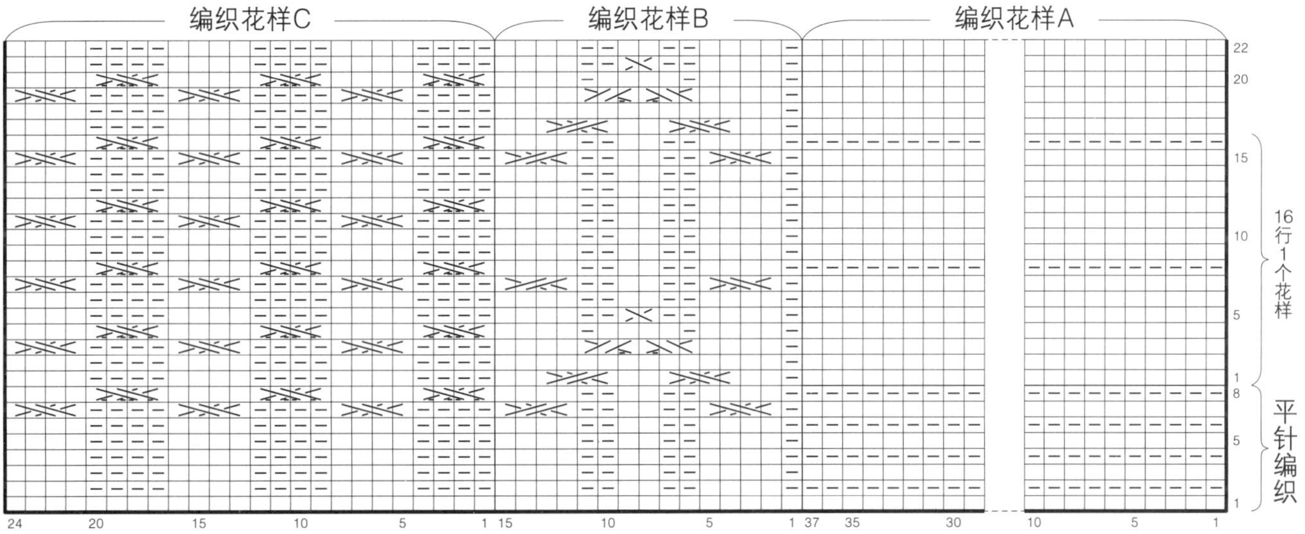

袖、编织花样B的减针方法示意图

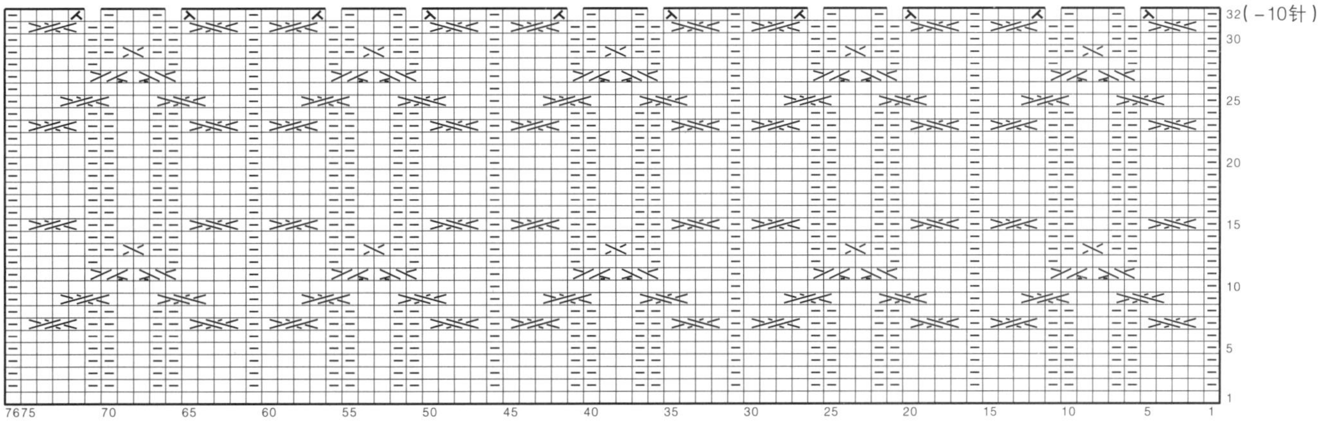

20

page 28

●**材料** PADOVA（粗）黑色、茶色、原色木纹（508）320g/8团

●**工具** 棒针 8 号

●**成品尺寸** 胸围 107cm，肩背宽 32cm，衣长 65cm，袖长 58cm

●**密度** 10cm×10cm 面积内：编织下针 16 针，24 行

■**编织要点** **后身片** 手指挂线起针，编织平针和下针。袖窿伏针，并立起侧边 1 针减针，肩部往返编织，休针。领窝伏针收针。**前身片** 与后身片使用同样的方法起针，前门襟与衣领一起编织。领窝的减针参照图示，在衣领的内侧减针。**袖** 袖下在侧边 1 针内侧编织扭针加针，袖山最后的针目伏针收针。**组合** 后身片的中心下针钉缝，肩部盖针钉缝，后领针与行对齐钉缝，胁、袖下挑针接缝。袖引拔钉缝在身片上。

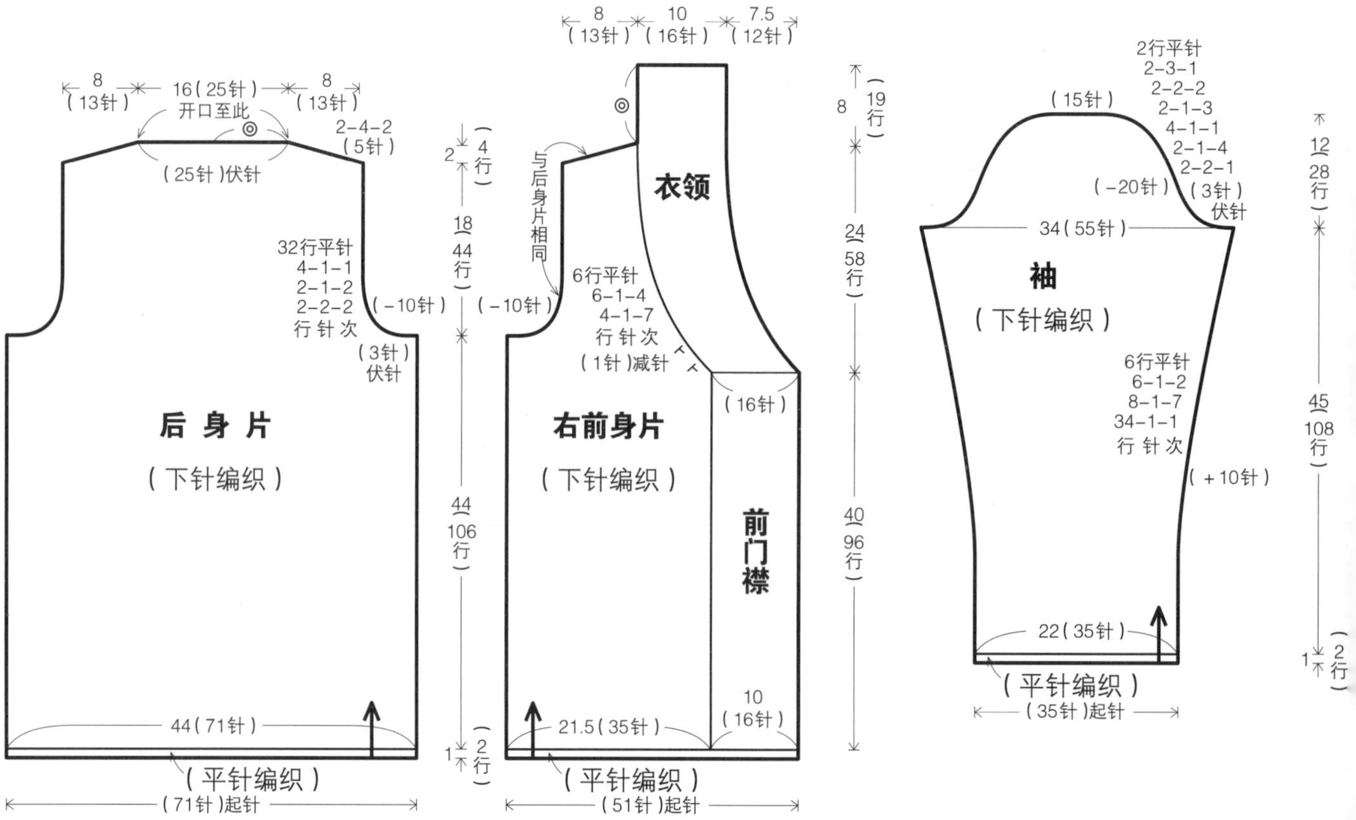

※全部使用8号针

※左前身片与右前身片左右对称编织

下针钉缝

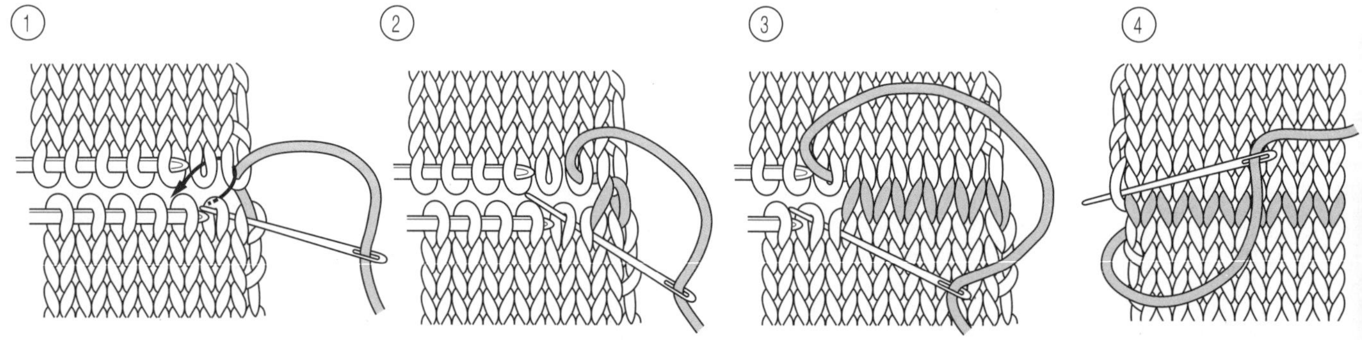

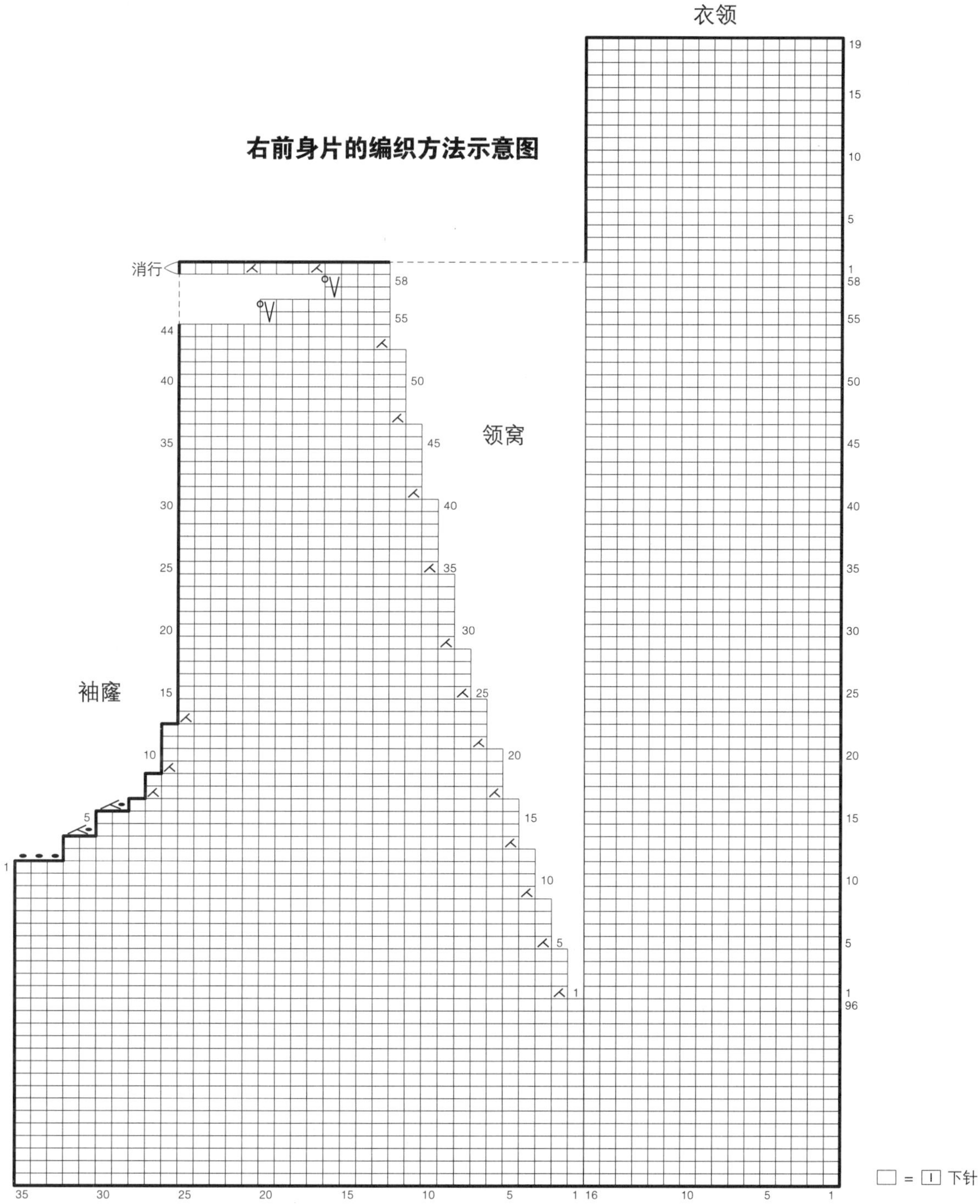
衣领
右前身片的编织方法示意图
消行
领窝
袖窿
□ = □ 下针

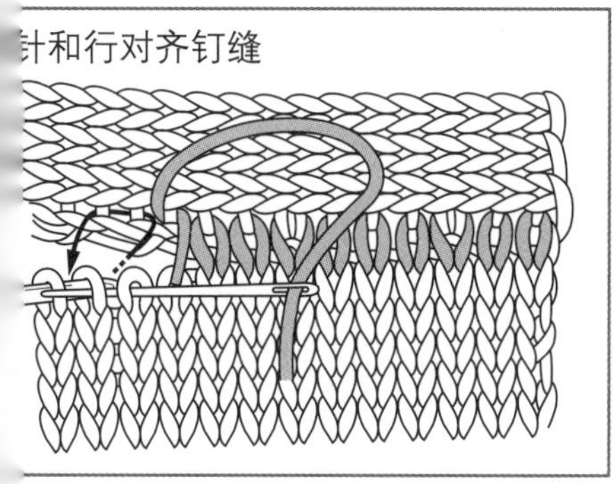
針和行对齐钉缝

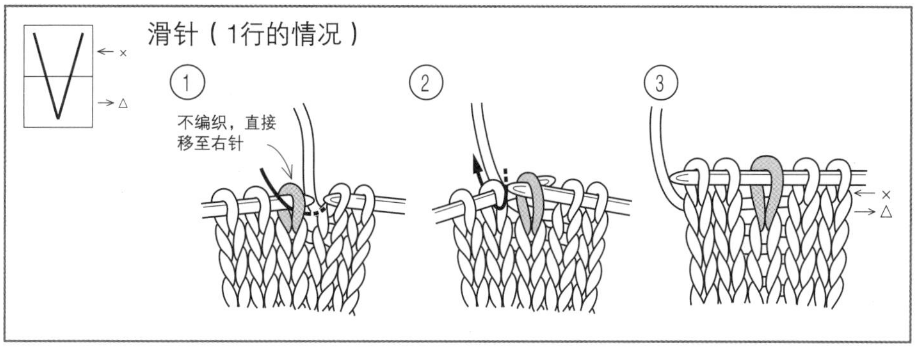
滑针（1行的情况）
不编织，直接
移至右针

22

page 30

●**材料** CLASSICO（中粗）紫色（212）390g/8团

●**工具** 棒针8号、7号，钩针7/0号

●**成品尺寸** 胸围90cm，肩背宽34cm，衣长53cm，袖长53cm

●**密度** 10cm×10cm面积内：编织花样A 20针，24行；编织花样B 20针，27行

■**编织要点** **前后身片** 共线锁针起针，挑取锁针的里山，编织花样A、B。袖窿、领窝伏针（前面是休针），并立起侧边1针减针，肩部往返编织，休针。

袖 与身片使用同样的方法起针，袖下在侧边1针内侧编织扭针加针，袖山最后的针目伏针收针。

组合 肩部盖针钉缝，胁、袖下挑针接缝。衣领从前后领窝挑取针目，环形编织下针，伏针收针。注意不要收得太紧。袖引拔钉缝在身片上。

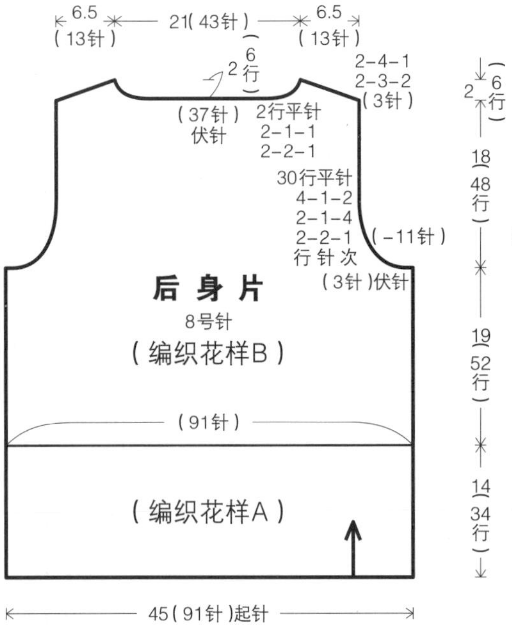

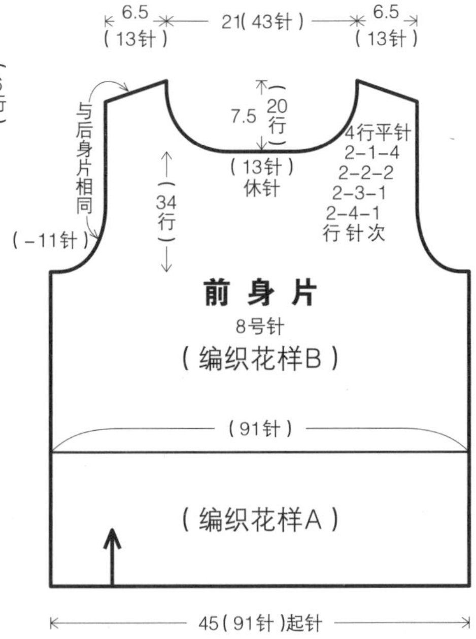

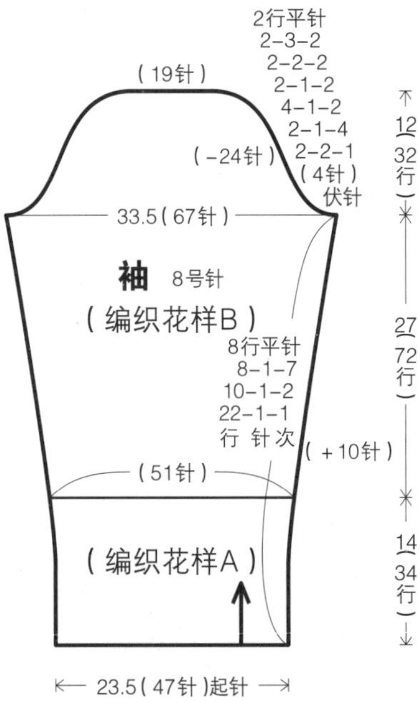

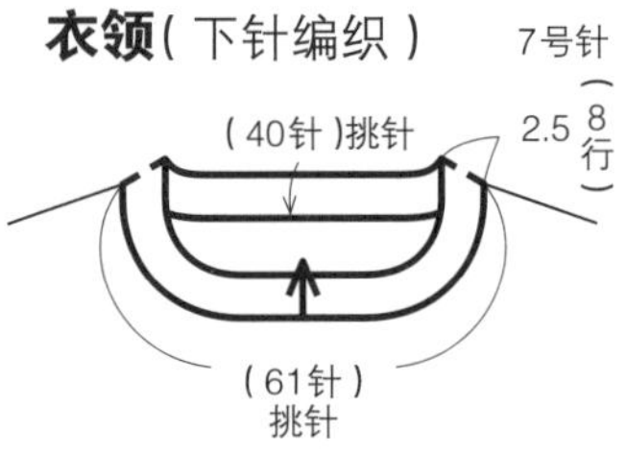

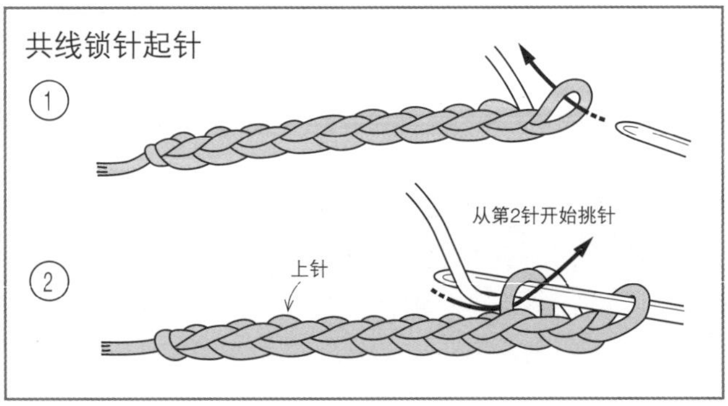

编织花样A、B

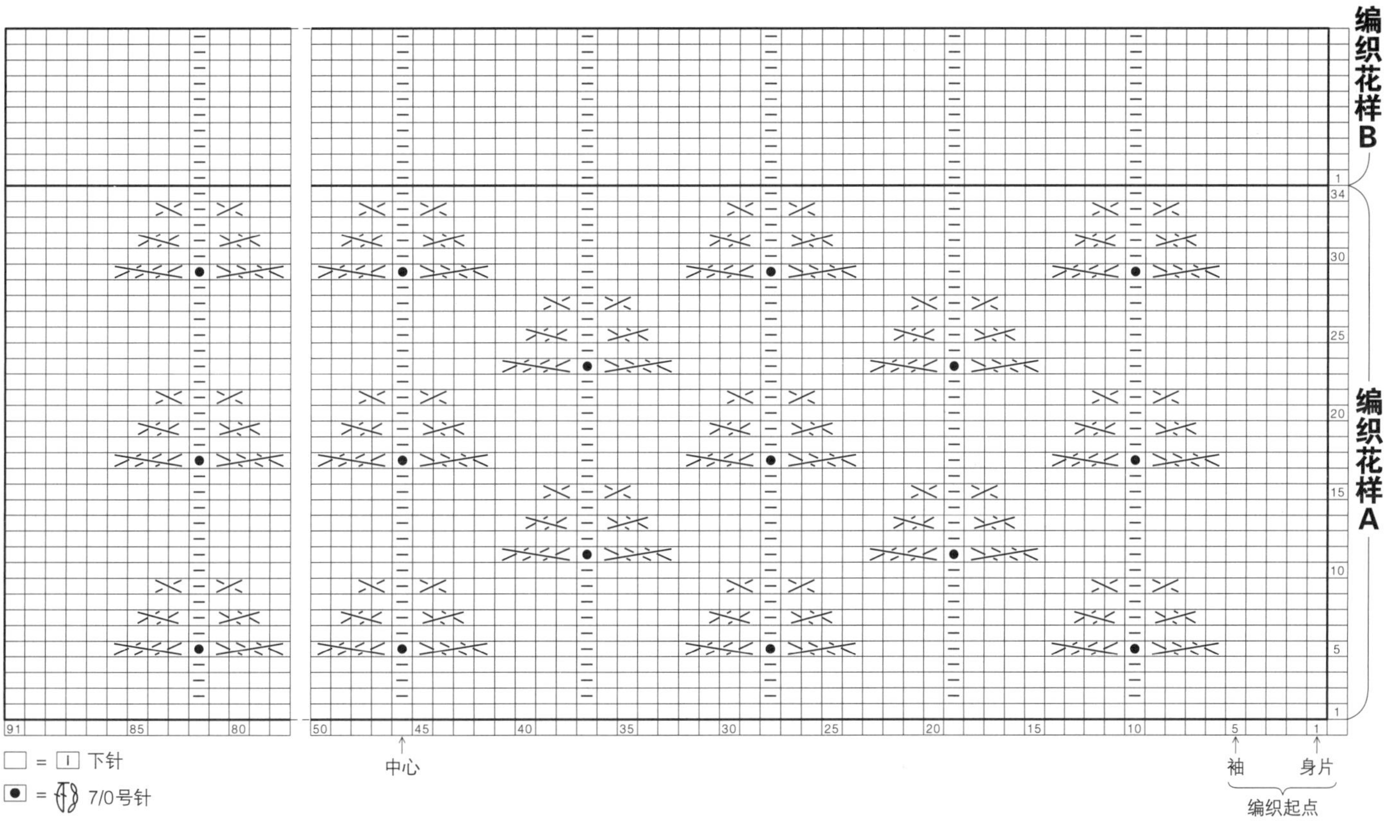

□ = ▯ 下针

● = 7/0号针

长针2针的枣形针

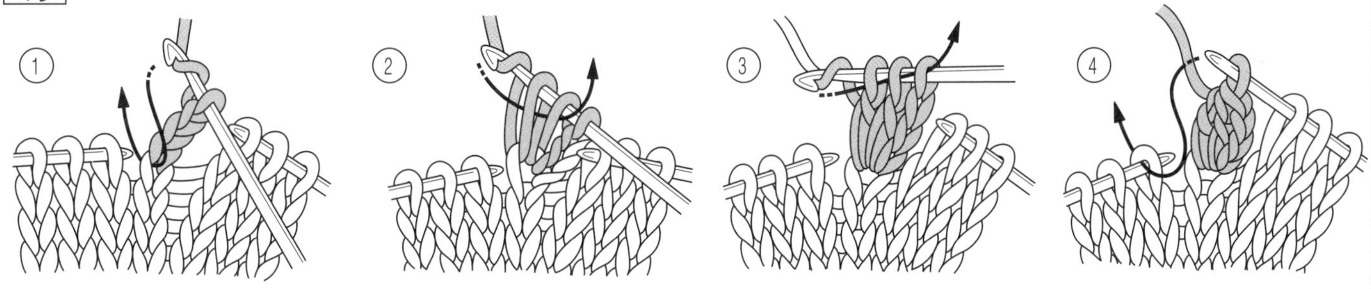

① 使用钩针编织3针锁针，针上挂线，按照箭头的方向插入钩针。

② 将线圈拉出，在针上挂线，只从2个线圈中引拔出。

③ 再重复1次，钩织2针未完成的长针，之后从所有针目中引拔出。

④ 从钩针上移至右针即完成。之后继续编织。

盖针钉缝

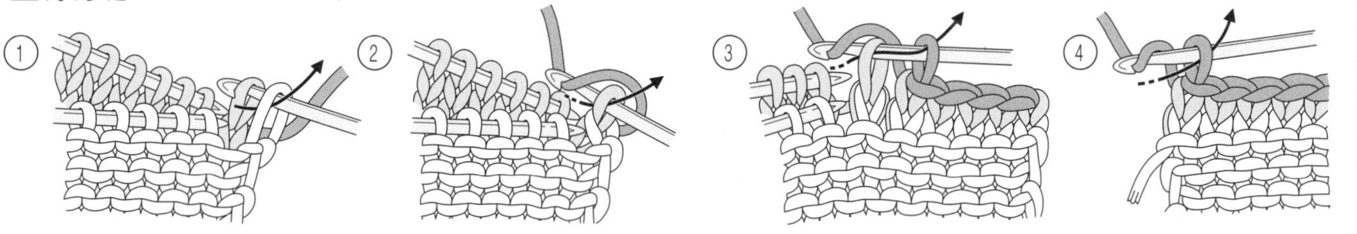

24

page 32

●材料 ALPACA COLCA（中粗）天蓝色（8918）250g/5 团，KID MOHAIR FINE（极细）紫色、绿色系段染线（810）50g/2 团

●工具 钩针 10/0 号

●成品尺寸 长 40cm，下摆一圈 144cm

●密度 编织花样：1 个花样 6cm，7 行 10cm

■编织要点 披肩 锁针起针，从脖子开始环形编织花样。钩织 100 针锁针。第 100 针引拔编织起点的锁针，成为环形。第 1 行的 5 针长针和短针是挑取锁针起针的半针和里山进行钩织的。参照图示，一边加针一边钩织。第 3 行到第 6 行（1 个花样 4 行）钩织 2 个花样，第 9 行到第 12 行钩织 4 个花样，以此类推，每次增加 4 个花样并重复 2 次，一直钩织 28 行。

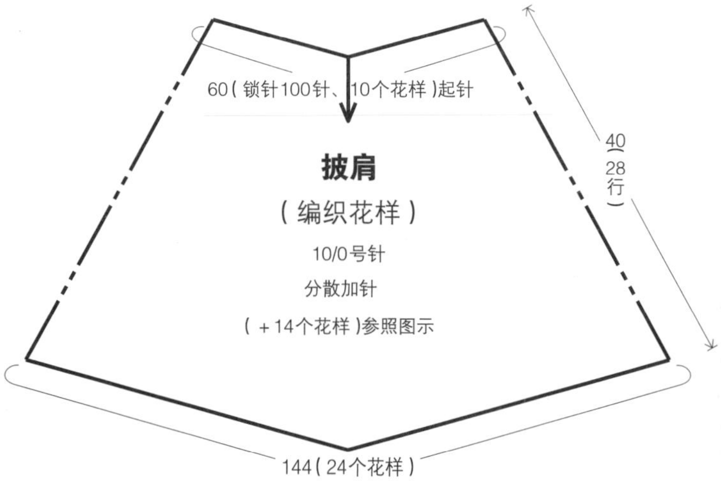

※取天蓝色线和紫色、绿色系段染线各1股，2股并在一起编织

5针长针（松叶针）

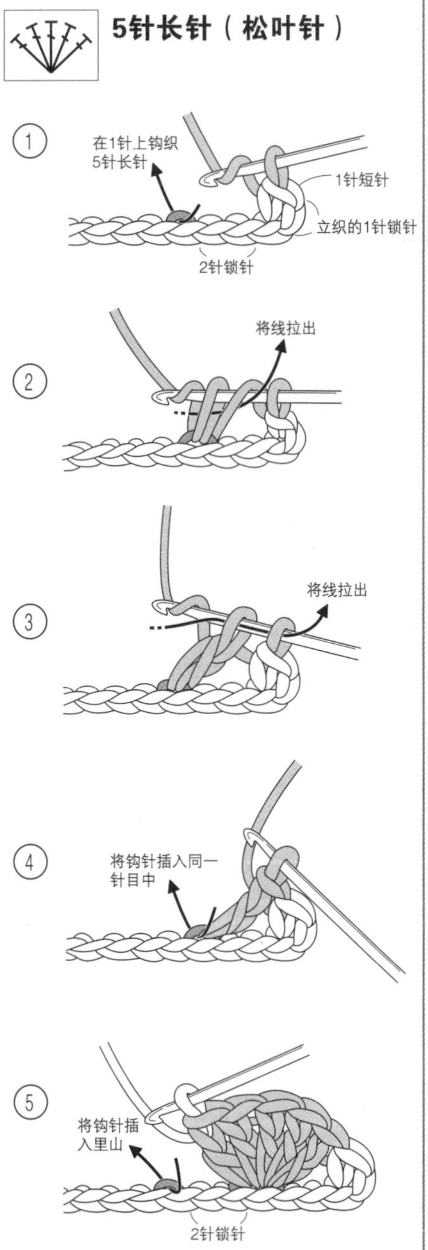

锁针起针

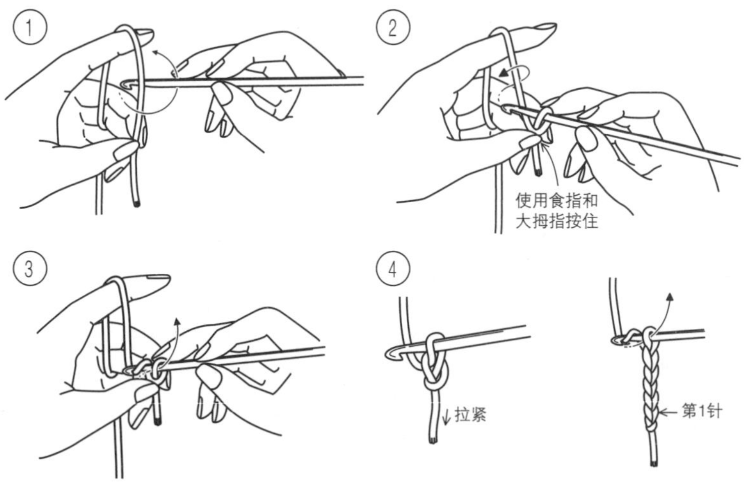

编织花样和加针的编织方法示意图

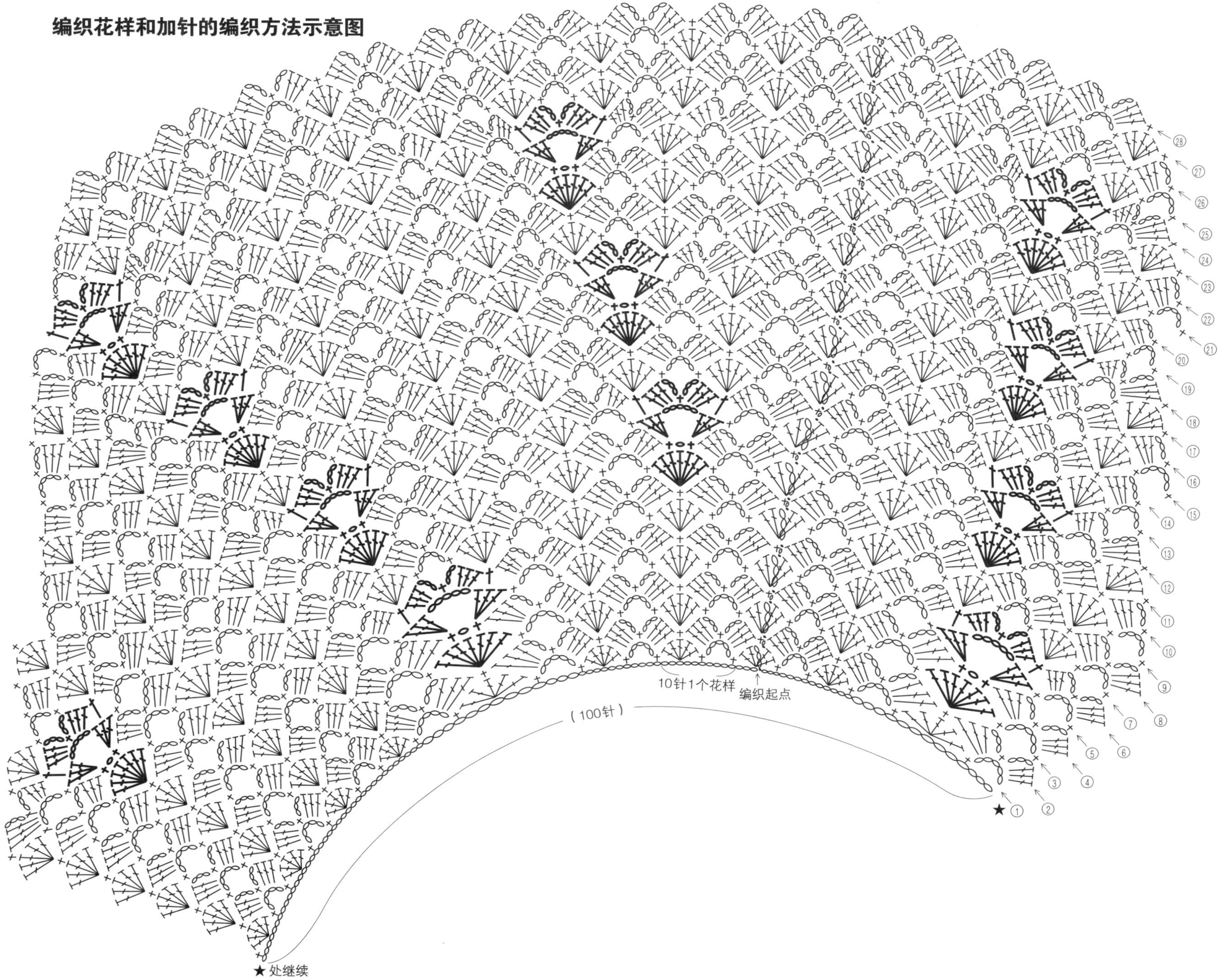

23

page 31

●**材料** CLASSICO（中粗）米色（202）210g/5团，MOHAIR MULTI（粗）浅紫色系（2100）80g/2团，LECCE（中细）红色、黄色、蓝紫色系木纹（405）60g/2团，MARMOTTA（中粗）茶色（303）30g/1团

●**工具** 棒针11号、10号

●**成品尺寸** 胸围98cm，肩背宽36cm，衣长64cm，袖长61cm

●**密度** 10cm×10cm面积内：编织下针条纹花样16针，21行

■**编织要点** **前后身片** 另线锁针起针，编织下针条纹花样。袖窿、领窝伏针，并立起侧边1针减针，肩部往返编织，休针。下摆从起针上挑取针目，编织双罗纹针，并用双罗纹针收针。**袖** 袖下在侧边1针内侧编织扭针加针，袖山最后的针目伏针收针。**组合** 肩部盖针钉缝，胁、袖下挑针接缝。衣领环形编织双罗纹针，并用双罗纹针收针。袖引拔钉缝在身片上。

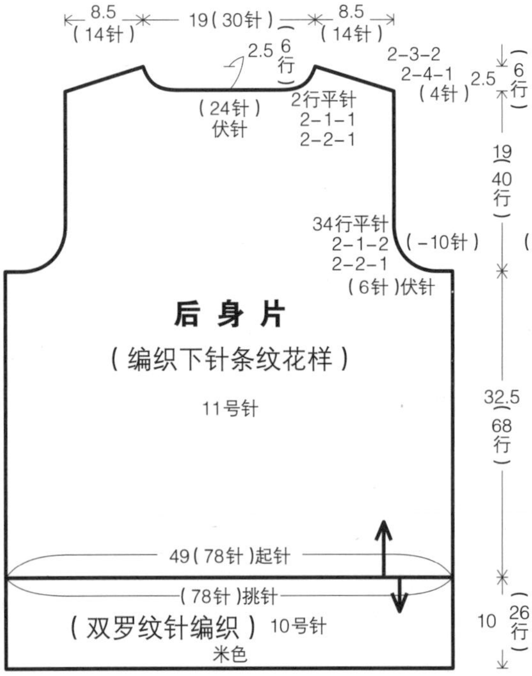

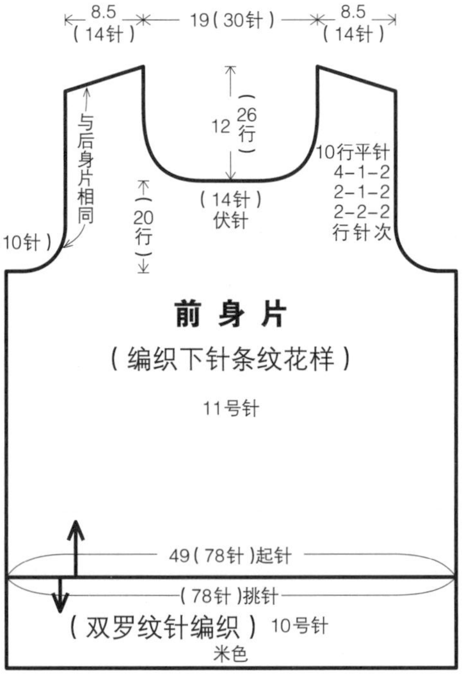

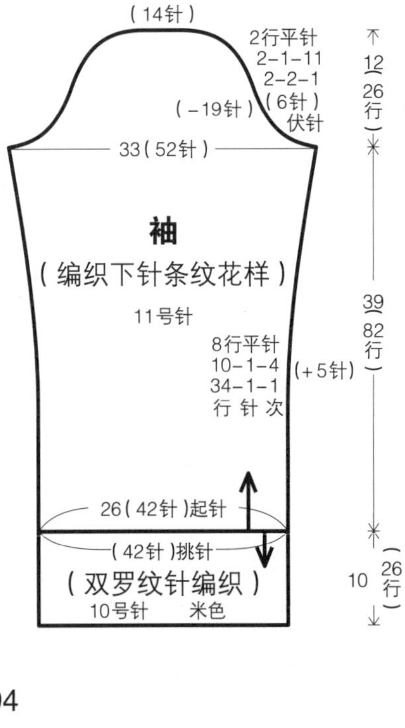

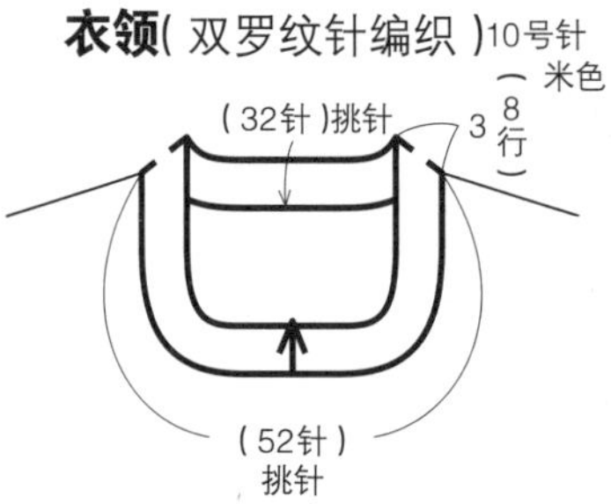

双罗纹针编织

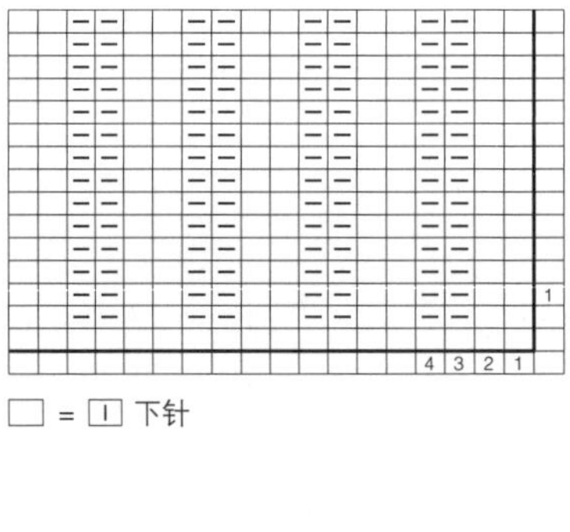

□ = 丨 下针

双罗纹针收针

（两端为2针下针的情况）

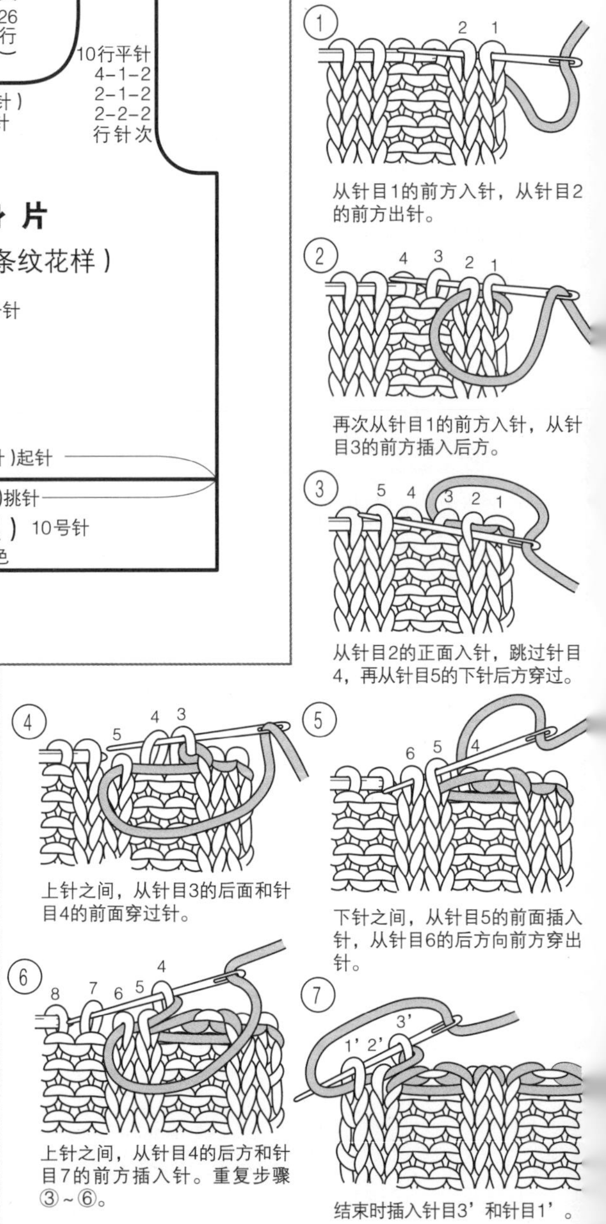

① 从针目1的前方入针，从针目2的前方出针。

② 再次从针目1的前方入针，从针目3的前方插入后方。

③ 从针目2的正面入针，跳过针目4，再从针目5的下针后方穿过。

④ 上针之间，从针目3的后面和针目4的前面穿过针。

⑤ 下针之间，从针目5的前面插入针，从针目6的后方向前方穿出针。

⑥ 上针之间，从针目4的后方和针目7的前方插入针。重复步骤③～⑥。

⑦ 结束时插入针目3'和针目1'。

条纹花样的配色（身片）

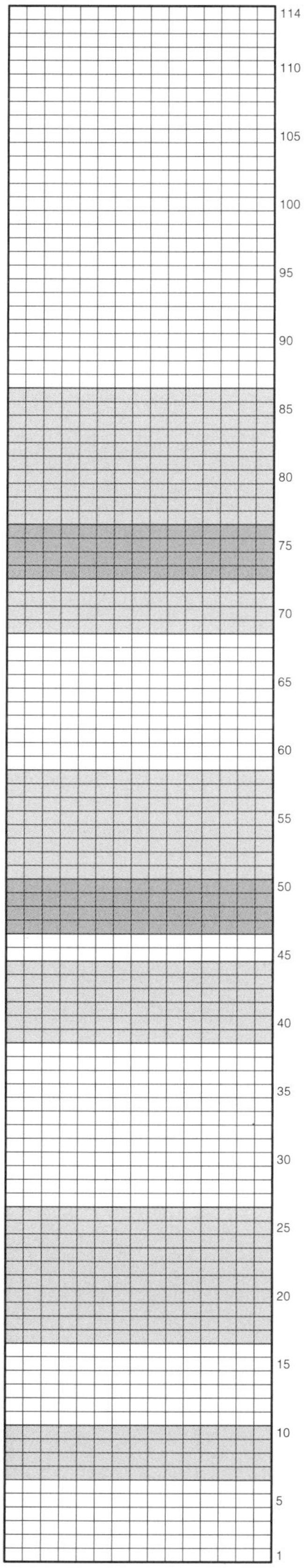

条纹花样的配色（袖）

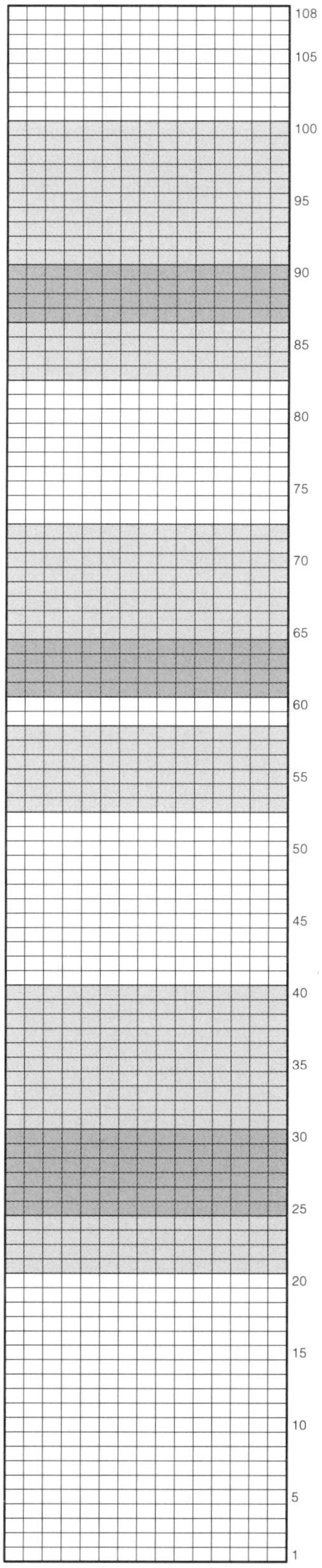

□ = 米色

■ = 茶色

▒ = 取浅紫色系线和红色、黄色、蓝紫色系木纹线各1股，2股并在一起编织

索引

图书在版编目（CIP）数据

欧洲编织.1，粗线手编/日本宝库社编著；风随影动译. —郑州：河南科学技术出版社, 2014.1（2023.5重印）

ISBN 978-7-5349-6674-3

Ⅰ.①欧… Ⅱ.①日… ②风… Ⅲ.①手工编织—图解 Ⅳ.①TS935.5-64

中国版本图书馆CIP数据核字（2013）第283915号

出版发行：河南科学技术出版社
地址：郑州市郑东新区祥盛街27号　　邮编：450016
电话：（0371）65737028　　65788613
网址：www.hnstp.cn
策划编辑：刘　欣
责任编辑：张　培
责任校对：柯　姣
封面设计：张　伟
责任印制：张艳芳
印　　刷：河南新达彩印有限公司
经　　销：全国新华书店
开　　本：889 mm×1194 mm　1/16　印张：6　字数：200千字
版　　次：2014年1月第1版　2023年5月第2次印刷
定　　价：49.00元

如发现印、装质量问题，影响阅读，请与出版社联系并调换。